AC: ARQUITECTURA DE CONTAINERS

CARLOS BARON

AC: ARQUITECTURA DE CONTAINERS

A+U

Ctra. de Madrid, 37 - 14610 Córdoba

I.S.B.N.: 978-84-616-9317-7
Depósito Legal: CO 675-2014

Diseño de portada: Carlos Baron

A los que construyen el futuro.

ÍNDICE

Prólogo 9

Preliminar necesario 15

La Caja Mágica 17

El container de transporte ISO 25

Propiedades tectónicas de los containers 41

El camino de AC 69

Arquitectura sostenible 87

Conclusión, igualmente necesaria 101

Bibliografía 105

PRÓLOGO

La arquitectura de containers es una rama de la arquitectura que constituye un hecho imparable en todo el mundo. Es imposible decir que nació en un determinado país o ciudad y de ahí se extendió al resto del planeta, más bien surgió porque muchos arquitectos como un hecho global, aunque de forma independiente, vieron en determinado momento la tremenda facilidad de la aplicación de este elemento a la arquitectura.

Si recorremos la historia desde el punto de vista tanto de intelectuales que han mostrado interés en algún momento de su vida o de su obra en la arquitectura y, por su puesto de algunos arquitectos, veremos que cada una de las siguientes opiniones es aplicable a la arquitectura de containers. Leyendo estas reflexiones tomando como punto de vista la arquitectura que este libro propone, éstas se vuelven curiosamente interesantes y en algunos casos pareciera que están escritas especialmente para esta materia.

"El arquitecto debe estudiar gramática; tener aptitudes para el dibujo; conocer la geometría; no estar ayuno de óptica; ser instruido en aritmética y versado en historia; haber oído con aprovechamiento a los filósofos; tener conocimientos de música; no ignorar la medicina; unir los conocimientos de jurisprudencia a los de astrología y movimiento de los astros." (Marco Vitruvio Polion, S. a C.)

"Architectum architecto invidere, et poeta, poetae." (Elio Donato, S. IV)

“La sencillez es la sofisticación definitiva.” (Leonardo da Vinci, 1452-1519)

“Quien no haya puesto los cimientos desde el principio, podrá ponerlos después con gran virtud, pero con problemas para el arquitecto y peligro para el edificio.” (Nicolás Maquiavelo, 1469-1527)

“La arquitectura es música congelada.” (Johan Wolfgang von Goethe, 1749-1832)

“La arquitectura es el gran libro de la humanidad, la expresión principal del hombre en los diversos estados de desarrollo, sea como fuerza o como inteligencia.” (Victor Hugo, 1802-1885)

“La mejor forma de preservar un edificio es encontrar un uso para él.” (Eugène Viollet Le Duc, 1814-1879)

“Requerimos de los edificios de dos tipos de bondad: en primer lugar, el cumplimiento de su deber práctica así: luego de que sean elegantes y agradables en hacerlo.”

“Ninguna arquitectura es tan arrogante como lo que es simple.”

“Cuando construyamos, pensemos que lo hacemos para siempre.”

“Podemos vivir sin arquitectura y practicar el culto sin ella, pero no podemos recordar sin su auxilio.” (John Ruskin, 1819-1900)

“Aquellos que buscan las leyes de la naturaleza como apoyo para su trabajo están colaborando con el creador.” (Antonio Gaudí, 1852-1926)

“Con una naturaleza confortable, la humanidad no hubiera inventado nunca la arquitectura.” (Oscar Wilde, 1854-1900)

“Una casa es una máquina para vivir.”

“Prefiero dibujar a hablar, dibujar es más rápido y deja menos espacio para las mentiras.

“La arquitectura debe ser una expresión de nuestro tiempo y no un plagio de culturas pasadas.” (Le Corbusier, 1867-1965)

"El arte madre es la arquitectura. Sin una arquitectura de nuestro propio no tenemos alma de nuestra propia civilización."

"La verdad es más importante que los hechos."

"Vida noble exige una arquitectura noble para usos nobles de los hombres nobles. La falta de cultura es lo que siempre ha significado: la civilización innoble y por lo tanto, la caída inminente."

"Cada gran arquitecto es - necesariamente - un gran poeta. Debe ser un gran intérprete original de su tiempo, su época, su edad." (Frank Lloyd Wrigth, 1867-1958)

"La habitación debe parecer cómoda, la casa debe parecer habitable." (Adolf Loos, 1870-1933)

"En la arquitectura la materia se desnaturaliza de distintas maneras, y la técnica sobre este punto no ha dicho todavía su última palabra. La rugosidad, la apariencia rústica (tipo de material natural) debe ser suprimida en la materia." (Piet Mondrian, 1872-1944)

"Nosotros conformamos los edificios, y consecuentemente ellos nos conforman a nosotros." (Wiston Churchill, 1874-1965)

"La lógica te lleva de A a B. La imaginación te llevará a cualquier parte." (Albert Einstein, 1879-1955)

"La arquitectura empieza dónde termina la ingeniería."

"Los especialistas son ese tipo de gente que siempre comete los mismos errores."

"¡La meta final de toda actividad artística es la construcción!"

"La buena Arquitectura debería ser una proyección de la vida misma y ello implica un conocimiento íntimo de los problemas biológicos, sociales, técnicos y artísticos." (Walter Gropius, 1883-1969)

"Cada vez que dibujo un círculo, inmediatamente deseo salir de él." (Richard Buckminster Fuller, 1985-1983)

"Menos es más."

"Dios está en los detalles."

"Yo no quiero ser interesante, yo quiero ser bueno." (Ludwig Mies van der Rohe, 1886-1969)

"La arquitectura exalta algo. Por eso, allí donde no hay nada que exaltar, no puede haber arquitectura." (Ludwig Wittgenstein, 1889-1951)

"Soy exactamente un inventor, tal es el título que debiera figurar en mi tarjeta de visita." (Casto Fernández-Shaw Iturralde, 1895-1978)

"La arquitectura moderna no significa el uso de nuevos materiales, sino utilizar los materiales existentes de una forma más humana." (Alvar Aalto, 1898-1976)

"El principal factor es la proporción." (Arne Jacobsen, 1902-1971)

"Siempre me ha interesado la arquitectura como una extendión no sólo de los problemas técnicos, sino de los problemas humanos." (Josep Lluis Sert, 1902-1983)

"Es hecho indiscutible que nuestra época ha creado una arquitectura perfectamente adaptada a su ideología, singularmente armonizada con su modo de concebir la existencia." (Alejo Carpentier, 1904-1980)

"Un edificio tiene integridad igual que un hombre, esto es, raramente." (Ayn Rand, 1905-1982)

"Odio las vacaciones. ¿Quién quiere tumbarse en la playa pudiendo construir edificios?" (Philip Johnson, 1906-2005)

"La vida siempre me pareció más importante que la arquitectura." (Oscar Niemeyer, 1907-2012)

"Frecuentemente un producto se hace más útil si podemos bajar el precio sin bajar la calidad." (Charles Eames, 1907-1978)

"Sin el dibujo un arquitecto no tiene medio de expresión, es sordomudo." (Fernando Chueca Goitia, 1911-2004)

"La emoción de la arquitectura hace sonreír, la vida no." (Alejandro de la Sota, 1913-1996)

"Quiero hacer edificios muy útiles y me gustaría encontrar un método para ejecutar esos edificios a través de nuestra tecnología, ya que pienso que esa es la única forma por la que obtendremos un maravilloso entorno fácilmente en el futuro." (Minoru Yamasaki, 1912-1986)

"Creo que la mejor enseñanza es el ejemplo; trabajar vigilando continuamente para no confundir la flaqueza humana, el derecho a equivocarse –capa que cubre tantas cosas–, con la voluntaria ligereza, la inmoralidad o el frío cálculo del trepador." (José Antonio Coderch de Sentmenat, 1913-1984)

"Sin embargo, las formas básicas, los espacios y las apariencias, deben ser lógicas." (Kenzo Tange, 1913-2005)

"La arquitectura es el testigo menos sobornable de la historia." (Octavio Paz, 1914-1998)

"Todo lo visible oculta algo."
"A quien modula Dios le ayuda."
"Se es arquitecto cuando se puede distinguir una auténtica obra de arquitectura." (Francisco Javier Sáenz de Oiza, 1918-2000)

"Sólo la sociedad que demande buena arquitectura podrá tenerla." (Julio Cano Lasso, 1920-1996)

"Construir en la periferia es, a la larga, la cosa más cara, lo que inicialmente al promotor le ha salido tan barato a la ciudad le resulta carísimo." (Oriol Bohigas, 1925-)

"La arquitectura debe hablar de su tiempo y de su época, pero también debe anhelar atemporalidad." (Frank Gehry, 1929-)

"La técnica es la capacidad de dar respuesta a un problema." (Aldo Rossi, 1931-1997)

"La arquitectura es demasiado lenta para resolver problemas." (Cedric Price, 1934-2003)

"La arquitectura es básicamente un contenedor de algo. Espero que disfruten más del té que de la taza." (Yoshio Taniguchi, 1937-)

“Lo que más me llena de satisfacción es ver después de diez años que la línea que dibujaste se ha hecho realidad.” (Ricardo Bofill, 1939-)

“Me gustaría que mis trabajos de arquitectura sirvieran para inspirar a otras personas, para avanzar hacia el futuro.”
”La forma de vida de las personas está relacionada con la arquitectura.” (Tadao Ando, 1941-)

“Si uno no cambia, no evoluciona y termina por dejar de pensar.” (Rem Koolhaas, 1944-)

“Cada nueva situación requiere una nueva arquitectura.” (Jean Nouvel,1945-)

“Cuando cierro mis ojos es cuando mejor veo. (Alberto Campo Baeza, 1946-)

“El objetivo de la arquitectura es hallar la mejor manera de repartir el espacio para que la gente se sienta bien en él.” (John Pawson, 1946-)

"La arquitectura moderna sólo se vuelve moderna, con su compromiso con los medios de comunicación." (Beatriz Colomina, 1952-)

“La arquitectura no puede cambiar las maquinaciones económicas de la globalización.” (Grahan Owen, 1961-)

PRELIMINAR NECESARIO

Antes de efectuar una mirada, de una forma rápida aunque rigurosa, sobre la historia y el origen de los containers marinos, he de decir que gran parte de estas notas se deben a mi buen amigo, el escritor cordobés Tomás Álter de Saint-Nazaire, quien, conociendo que entre mis actuales actividades se encuentra el estudio y la aplicación de los containers marinos a la arquitectura, no quiso dejar la ocasión de que la necesaria reseña histórica de este trabajo tuviera la información más rigurosa posible, que él, como veréis conocía. La información que me proporcionó, original y brillante como siempre, estaba por supuesto enriquecida por su personal *toque*, en este caso, y como se verá, un toque verdaderamente Álter. Además, en este caso no sólo supone una información que completa la que yo poseía, cosa que en cualquier caso es de agradecer, como digo, la información que Tomás me procuró corregía de forma radical, la mía, en cuanto al verdadero origen de *la caja*, además de proporcionarme un mayor conocimiento de un arquitecto del quien no conocía su trabajo: Lloyd Alter.

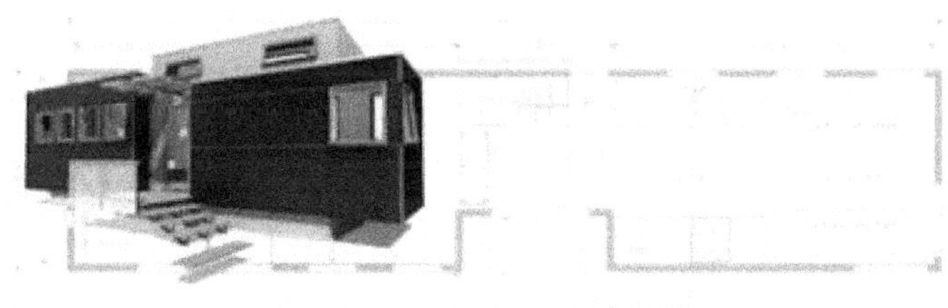

Vivienda ecológica del arquitecto canadiense Lloyd Alter

Quienes hayan leído algunas otras obras de quien esto escribe, conocerán las brillantes aportaciones en forma de prólogo que el propio Tomás ha hecho para otros trabajos míos, escritos de su propia mano. Vuelve ahora a unir su apellido, en este caso paterno, Tomás con el tema de mi investigación, algo tan mágico como inexplicable, aunque inevitablemente real.

Tomás, a quien agradezco su inestimable aportación, me remitió a un artículo fechado en Toronto el 14 de abril de 2006, publicado por alguien, muy relacionado con él: el innovador arquitecto canadiense Lloyd Alter, que hacía referencia a la verdadera historia del origen de los containers marinos.

Todo el mundo admite que el container marino es un invento del transportista americano Malcom McLean, pero Tomás me demostró que no es así. Lloyd, escribió el citado artículo, contestando otro publicado en el diario canadiense *The National Post* dos días antes, en consonancia además con unas declaraciones en la emisora de radio canadiense CBC de Marc Levinson, autor del conocido libro *The Box*. Lloyd reivindicaba en su artículo, no sólo el nombre de su propio padre, Gabriel Alter, sino el de a otras muchas gentes que estudiaron, diseñaron y construyeron no solamente los primeros containers marinos propiamente dichos, sino toda la infraestructura necesaria para su manipulación, carga y descarga y traslado entre camiones, trenes y barcos, incluyendo la construcción del primer carguero de containers de la historia y, quizás lo que es más sorprendente y a propósito de este texto, los primeros edificios de containers de la historia. Todo eso mientras McLean aún vivía en su pueblo de Carolina del Norte, recorriendo las carreteras locales al volante de un camión.

LA CAJA MÁGICA

Es incuestionable, el cambio que en nuestra vida ha supuesto la *containerización*, palabra que, sin existir en nuestro diccionario, no es sino traducción del inglés de *containerization*, o del francés *conteneurisation*, que se utilizan comúnmente en la literatura acreditada de esta materia.

Todo el comercio de mercancías en la actualidad se realiza por medio de containers marinos

La containerización es la utilización a nivel mundial de un sistema multimodal o intermodal de transporte basado en el uso de los containers marinos ISO, compuesto por éstos así como por las correspondientes y necesarias infraestructuras que de ello se derivan. El container marino, bautizado por Jonh Hunter como *The Magic Box*, protagonista de la containerización, es un invento que ha cambiado como decimos, nuestras vidas y nuestras economías. Mercancías cuyos costes de transporte por mar antes de la containerización eran tan altos que hacían imposible su comercialización en ultramar, gracias a ésta se pueden encontrar en cualquier punto de la tierra, ya que han viajado en un container marino, de una forma tan segura como barata.

En esta fotografía de los años 1920, un container está siendo traspasado de un camión a un vagón de tren Rochester, Nueva York.

Muchos estados no consideraron la containerización y el consiguiente transporte multimodal, que se introdujo en el comercio mundial en los años 1960, adecuado ya que requería una alta inversión de capital en las infraestructuras además de que suponía una reducción importante de la mano de obra. Hoy día, sin embargo, se considera imprescindible, puesto que tanto en el transporte como en la comunicación, la tecnología utilizada en cualquier punto de la *red mundial* no puede ser diferente a la utilizada en el resto. En la elección de la tecnología hay que tener en cuenta los *costes totales* del sistema, y para estar conectado con una red de cualquier tipo, usuarios y proveedores, receptores y emisores, no tienen otra posibilidad que adaptarse a las normas y tecnologías predominantes. Esta idea, que domina el mundo actual, está dentro del conjunto de características que determinan la *globalización*.

Así pues, el container marino, *La Caja Mágica*, es uno de los protagonistas de la globalización. Actualmente el comercio mundial depende de este objeto, el paisaje urbano de las ciudades portuarias se ha transformado, pasando del la clásica imagen de una muchedumbre de estibadores a la de grandes grúas y montañas de containers, y empieza ya a no ser extraña la imagen edificios de todo tipo, construidos o prefabricados con la base de los containers marinos

La invención del container marino se atribuye generalmente a un transportista americano llamado Malcom McLean, quien en realidad lo que hizo fue introducirlo con acierto en el servicio de transportes de Nueva York a Puerto Rico y Matson Line, que operaban desde el territorio continental de Estados Unidos hasta Hawai, y posteriormente fundar la empresa de transporte Sea-Land Service Inc. Sin embargo, la verdadera invención del container marino, y de la consiguiente containerización, hay que atribuirla a algunos ingenieros y empresarios de transportes canadienses, unos pocos años antes, aunque, de hecho, ya existían containers en el propio territorio de los Estados Unidos en los años 1920, e incluso antes, siendo Alfred H. Smith's New York Central la primera compañía que adoptó la idea usar containers de madera, y más tarde de acero, para el transporte de mercancías y su traspaso entre camiones y trenes de carga, después de la Primera Guerra Mundial.

En definitiva, los que aprovecharon el año 2006, como Marc Levinson para publicar su libro *The Box: How the Shipping Container Made the World Smaller and the World Economy Bigger* como celebración de las supuestas bodas de oro del container marino, han perdido el tren, o quizás el barco, de la historia real, ya que algunos años antes, en los puertos canadienses de Vancouver, Skagway o en el interior del Yukón, en Whitehorse ya eran frecuentes las operaciones con containers de transporte, aun no estandarizados. Incluso se llegó a construir el primer carguero especialmente diseñado para transporte de containers, el Clifford J. Rogers, botado en 1955, con capacidad para 600 containers de 7'x8'x8'.

Resulta evidente que tanto los containers ISO, cuya normalización se realizó en 1964, así como las cajas de la extraña dimensión de 35' que transportaba la Sea-Land, son similares, pero, en ningún caso tal como propugnan el propio Lenvinson o Bruce Mau en *Massive Change*, fueron los primeros containers marinos de la historia.

El origen, del container marino, ya sea como elemento en si mismo o como generador de la globalización del transporte, aparte de los cajones que hemos mencionado para transporte terrestre que se empezaron a utilizar tras la Primera Guerra Mundial, hay que buscarlo por tanto en los puertos canadienses en los que surgió tanto la idea de su desarrollo, como de las necesarias tecnologías auxiliares.

El Clifford J. Rogers, primer barco especialmente diseñado para transporte de containers.

Tomando el ejemplo de Toronto, aun siendo un puerto interior, ciudad en la que reside Lloyd Alter, y que lógicamente es reflejo de otras muchas ciudades del mundo, pensemos que, antes que entraran en escena los containers marinos ISO estandarizados a principios de los 1960 y los puertos desde Halifax y Vancouver se convirtieran en puertos auxiliares de Toronto, gracias a los transportes por ferrocarril, que al tiempo hicieron parecer verdaderos puertos las estaciones de carga como las de Etobicoke y Concord las compañías de ferrocarril Canadian National o Canadian Pacific que abastecían a Toronto de mercancías provenientes de todo el mundo, ya existían transportes intermodales a base de containers, con los que operaba el White Pass & Yukon Route, un ferrocarril de vía estrecha que unía el puerto de Skagway con la capital del territorio de Yukón, Whitehorse en el noroeste de Canadá y Estados Unidos.

La WP&YR operaba con base en Whitehorse como decía, transportando mercancías desde comienzo de los años 1950, y desde 1953 usaba el sistema de containers, siendo uno de los primeros sistemas intermodales de transporte establecidos, ya que traía containers de transporte desde el almacén de la compañía en Vancouver por barco hasta Skagway, en Alaska, desde dónde se distribuían, mediante transporte por carretera y ferrocarril a los puntos de destino. Estos containers se cerraban y sellaban en los puntos de origen, garantizando la propia compañía, que sólo eran abiertos en los puntos de destino por el consignatario de la carga.

Containers cargados mediante carretillas elevadoras en trailers del tipo low-bed especialmente diseñados para el transporte de desde Whitehorse en 1953

Las primeras dificultades que tuvieron que solventar fueron las de la manipulación de las grandes cargas, ya que no existían en las estaciones de carga de ferrocarril ni en los puertos las grandes grúas que ahora estamos acostumbrados a ver. Una empresa canadiense, Steadman Industries, desarrolló la tecnología necesaria en los equipos de manipulación y traslado de estas cargas. Esta compañía trabajó en colaboración con otra industria canadiense de gran visión de futuro, la Electrohome of Kitchener, desarrollando maquinaria y equipos de carga y descarga, modificando en algunos casos los mecanismos en las propias plataformas de carga de los camiones y de los vagones de tren. Estos sistemas fueron introducidos en las dos grandes compañias ferroviarias de Canadá a través de sus respectivos directivos: Ron Lawless de la Canadian National y Don Francis de la Canadian Pacific. Estas compañías de ferrocarril, tras la estandarización ISO de los containers en 1964, constituyeron la primera infraestructura de transporte de containers por ferrocarril de costa a costa.

Un transportador lateral de la compañía Canadian Pacific en la estación de Toronto, transfiriendo containers desde trenes de pasajeros de Montreal a trailers especialmente equipados.

La compañía que trabajó en estos equipos y diseños, la mencionada Steadman Industries, había sido creada por el ingeniero William David Steadman, y de la cual fue presidente Gabriel Alter, el padre de Lloyd Alter, y en la que también trabajaba Peter Hunter, autor del libro *The Magic Box. A history of containerization*, publicado en 1993.

Tal como cuenta Hunter, ambos se *divirtieron* mucho en aquellos tiempos trabajando en la ingeniería de los sistemas de manipulación de containers, siendo especialmente digna de mención su contribución a lo que podemos denominar sin lugar a dudas, la construcción del primer edificio de containers de la historia.

Ochenta containers de 20' componen este almacén portátil diseñado por Steadman Containers, preparado para la carga de cemento.

Para poder manipular los containers en el Ártico, los diseñaron de forma que tanto los paneles del suelo y de la cubierta fueran practicables, de forma que si se acoplaba un container sobre otro, una vez retirada la carga del de arriba, el trabajador podía acceder al container de abajo sin salir al exterior. De esta manera, apilando contendores unos sobre otros y también en distintas pilas contiguas, construían verdaderos almacenes en los que los containers no eran independientes, sino que formaban parte de un verdadero edificio de almacén. Estos almacenes se utilizaban sólo en invierno, ya que en primavera se volvían a cerrar los containers, manipulándose y transportándose de forma individual. Este sistema hacía posible el trasiego y manipulación de todo tipo de materiales, en las condiciones climatológicas más extremas. Steadman Industries desapareció como empresa, para formar parte en la actualidad de Interpool Inc., con sede en Nueva York, una de las primeras empresas a nivel mundial de alquiler de containers marinos.

EL CONTAINER DE TRANSPORTE ISO

El elemento con el que vamos a trabajar es el protagonista de la containerización, que no es un viejo cajón de madera, ni las cajas que usaba la WP&YR o las que comenzó usando la Sea-Land, se trata del container que responde desde 1964 a los estándares de la norma ISO, estándares necesarios para que los elementos para el manejo y transporte de los containers sean exactamente iguales en todos los puntos de la red mundial de transportes.

Nomenclatura de los containers de transporte ISO		
Designación de container	Longitud nominal	
	m	ft
1AAA 1AA 1A 1AX	12	40
1BBB 1BB 1B	9	30
1CC 1C 1CX	6	20
1D 1DX	3	10

Tabla 1

En realidad existen más de cincuenta normas ISO referidas a los containers de transporte con sus correspondientes revisiones, desde la *ISO 668:1995 –Series 1 freight containers. Classification, dimensions and ratings*, incluyendo normas específicas para el vocabulario de sus partes, normas específicas para partes concretas, como son por ejemplo las piezas de las esquinas o *corner fittings*, puertas, containers de medidas especiales, ensayos, containers con sistemas especiales de aislamiento térmico, etc.

Dimensiones exteriores totales						
Designación del container	Longitud		Anchura		Altura	
	mm	ft	mm	ft	mm	ft
1AAA	12.192	40	2.438	8	2.896	9,6
1AA	12.192	40	2.438	8	2.591	8,6
1A	12.192	40	2.438	8	2.438	8
1AX	12.192	40	2.438	8	<2.438	<8
1BBB	9.125	30	2.438	8	2.896	9,6
1BB	9.125	30	2.438	8	2.591	8,6
1B	9.125	30	2.438	8	2.438	8
1BX	9.125	30	2.438	8	<2.438	<8
1CCC	6.05	20	2.438	8	2.896	9,6
1CC	6.05	20	2.438	8	2.591	8,6
1C	6.05	20	2.438	8	2.438	8
1CX	6.05	20	2.438	8	<2.438	<8
1D	2.991	10	2.438	8	2.438	8
1DX	2.991	10	2.438	8	<2.438	<8

Tabla 2

De acuerdo con la cita da norma ISO, las la nomenclatura de los containers de transporte normalizados según su longitud se representa en la Tabla 1.

Aunque existen containers no normalizados de 8' y de 45', así como limitaciones en las legislaciones de algunos países en cuanto a la longitud total, tanto en carretera como en ferrocarriles, siendo las dimensiones exactas, cuya variación en cuanto a cada tipo son fundamentalmente en la altura, las que se representan en la Tabla 2.

Cargas totales		
Designación del container	Cargas	
	Kg	Lb
1AAA	30.480	67.200
1AA	30.480	67.200
1A	30.480	67.200
1AX	30.480	67.200
1BBB	25.400	56.000
1BB	25.400	56.000
1B	25.400	56.000
1BX	25.400	56.000
1CCC	24.000	52.900
1CC	24.000	52.900
1C	24.000	52.900
1CX	10.160	22.400
1D	10.160	22.400
1DX	10.160	22.400

Tabla 3

Como observamos, existen unos determinados tipos de containers, los denominados 1AAA, 1BBB y 1CCC, cuya altura exterior es de 2,90 m, estos containers son denominados normalmente como HC, iniciales de las palabras inglesas *High-Cube*, que determinan que la cubierta está más alta, en contraposición a la inicial S, de Standard, que suelen incluir los de 8'6" de altura. También podemos encontrarnos en alguna ocasión con containers que están fuera de esta normalización, como son los containers de 8' y 45', muy especiales y poco frecuentes.

Dimensiones interiores						
Designación del container	Longitud		Anchura		Altura	
	mm	ft	mm	ft	mm	Ft
1AAA	11.185	39'4"	2.259	7'5"	2.667	8'9"
1AA	11.185	39'4"	2.259	7'5"	2.362	7'9"
1A	11.185	39'4"	2.259	7'5"	2.210	7'3"
1AX	11.185	39'4"	2.259	7'5"	<2.210	<7'3"
1BBB	8.918	29'4"	2.259	7'5"	2.667	8'9"
1BB	8.918	29'4"	2.259	7'5"	2.362	7'9"
1B	8.918	29'4"	2.259	7'5"	2.210	7'3"
1BX	8.918	29'4"	2.259	7'5"	<2.210	<7'3"
1CCC	5.853	19'3"	2.259	7'5"	2.667	8'9"
1CC	5.853	19'3"	2.259	7'5"	2.362	7'9"
1C	5.853	19'3"	2.259	7'5"	2.210	7'3"
1CX	5.853	19'3"	2.259	7'5"	<2.210	<7'3"
1D	2.787	9'2"	2.259	7'5"	2.210	7'3"
1DX	2.787	9'2"	2.259	7'5"	<2.210	<7'3"

Tabla 4

Por último, indicamos los pesos totales, que incluyen el peso propio, que pueden desplazar los containers de cada tipo, reflejados en la Tabla 3, teniendo en cuenta también que, al igual que en las dimensiones, existen limitaciones particulares en las legislaciones de algunos países que limitan esto.

De acuerdo con estas tablas, se deduce que el origen de la estandarización y la fabricación de los containers de transporte es el sistema anglosajón de pesos y medidas. De todos estos containers, el que usaremos como referencia, será el container 1AAA, también denominado comúnmente tal como hemos dicho como container ISO 40' HC.

Para el destino de los containers de transporte es importante además de las dimensiones, el volumen de carga, de ahí los containers HC, o algo más altos, sin embargo a nosotros nos interesa más la superficie determinada por sus longitudes, y sobre todo las interiores. En la siguiente Tabla 4, se recogen las dimensiones interiores de los containers de cada tipo.

De todas las longitudes, dimensión habitual para referirse a los containers, ya que cómo hemos visto es la que más los diferencia, hemos de tener en cuenta que los containers de 8' no se fabrican en HC, como hemos visto, y del resto son poco frecuentes los de 10', 30' y 45', siendo por tanto, los más adecuados para trabajar en arquitectura de containers, los de 20' y los de 40', y éste último, como antes he mencionado, el que utilizaremos como elemento fundamental, como veremos más adelante, será nuestro *módulo*.

También hay otros muchos tipos de containers de transporte, que nos interesan en principio en arquitectura, aunque hagamos mención aquí. Siendo muy diferentes sus morfologías, son sus dimensiones exteriores sin embargo iguales, ya que es fundamental para poder ser apilados y transportados. Existen containers cuya cubierta es practicable, lo que permite la elevación de su carga directamente desde el interior o containers para transporte de líquidos, en cuya configuración sólo mantienen las esquinas y aristas del ortoedro que generan, y que sirven de soporte a depósito de forma cilíndrica u otra, más adecuada para este propósito.

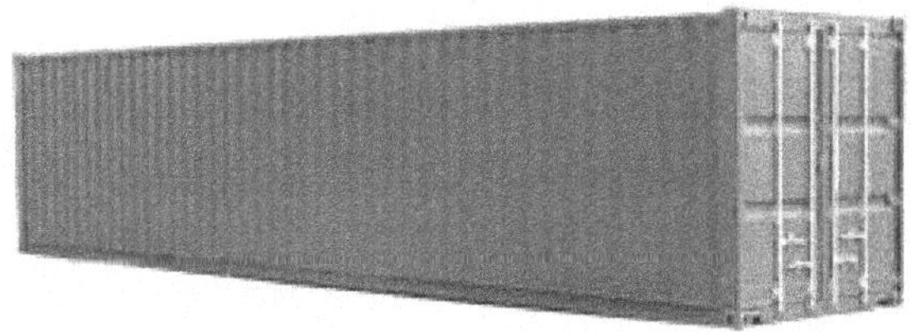

El container ISO 40' HC, 1AAA.

De todos estos tipos mencionaremos los denominados *Open Top* que tienen como característica principal que se puede abrir la cubierta. Otro tipo es el *Flat Rack*, que carece de paredes laterales y muchas veces, de paredes delanteras y posteriores, este tipo de containers se utiliza para transportar cargas atípicas. Los containers

Open Side poseen como principal característica poderse abrir por alguno de sus lados en lugar de por la parte trasera, o además de esto, siendo normalmente de medidas 20' ó 40', se usa para el transporte de cargas de mayores dimensiones en longitud que no pueden ser cargadas habitualmente por la puerta del container. Finalmente mencionará al container tipo *Tank*, diseñado para transportar líquido a granel, y que solamente se fabrica en la dimensión de 20'.

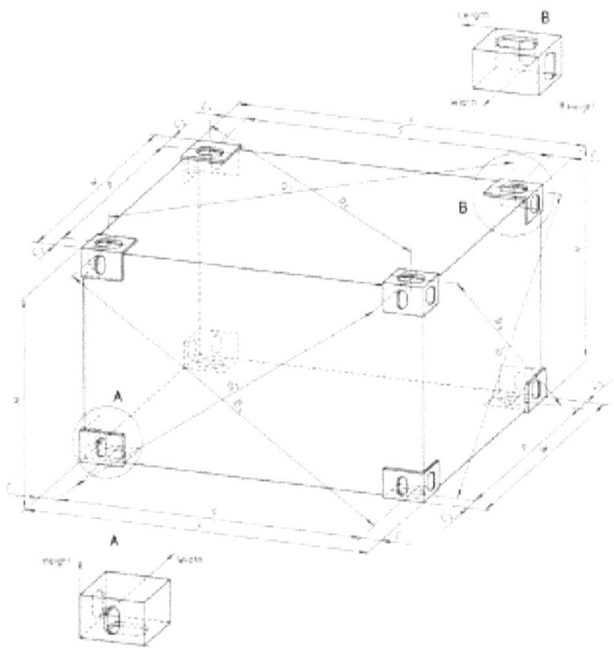

Especificaciones de las piezas de esquina, o cantoneras.

De todos los elementos que forman parte de los containers, merecen especial atención las ocho piezas que rematan los vértices del paralelepípedo, siendo desde cierto punto de vista las que más los definen geométricamente, siendo en algunos tipos de containers especiales, y que no son propiamente containers, pero que se adaptan a la normativa, las piezas que siempre permanecen. Estas piezas son las que sirven para izar y mover los containers así como para fijarlos en las distintas plataformas de transporte, para apilarlos unos sobre otros y para estibarlos en los buques de carga.

Estas cantoneras son distintas entre sí, las dos superiores derechas, las dos superiores izquierdas, las dos inferiores derechas y las dos inferiores izquierdas. Estas piezas están sometidas a un proceso de fabricación muy estricto, así como al de su colocación, debiendo superar tests tanto de resistencia como de composición química del acero tan exigentes como el denominado ABS, *American Bureau of Shipping*. La norma que regula estos elementos específicamente es la *ISO 1161:1984 –Series1 Feight containers. Corner fittings. Secification.*

El material con el que se fabrican los containers es acero, y muy frecuentemente del tipo COR-TEN, en paneles de chapa plegada soldada mediante soldadura de arco de CO2, que se realizan de forma continua y con penetración total. Están diseñados y fabricados para transportar mercancías de todo tipo por mar, carretera y ferrocarril, manteniendo su integridad estructural y física en un rango de temperaturas entre que van desde –30 ºC y 80ºC, y normalmente los fabricantes, además de hacer que cumplan las normas ISO de aplicación, se acogen a otras normativas de referencia, como las de la Unión Internacional de Ferrocarriles (UIC), Convención Internacional de Seguridad de Containers (CSC) u otras normativas particulares de países como, son por ejemplo, las de control de insectos en los tableros de madera.

El container está construido para ser transportado en condiciones normales por los siguientes métodos: por *mar* en la cubierta o en celdas fijadas mediante las pestañas diagonales; en *ferrocarril*, en plataforma o coche de especial fijando sus cantoneras inferiores, y en *carretera* en plataforma o chasis asegurado mediante sus cantoneras inferiores.

En cuanto a algunas precisiones con referencia a las dimensiones que se reflejan en las tablas, apuntaré algunas tomadas de un container 1AAA, que además de cumplir las normas ISO, se adaptan a algunas exigencias y estándares de calidad que los fabricantes incorporan.

Empezaré por reflejar las pequeñas dimensiones que componen los elementos más sobresalientes, las cantoneras, cuyas caras inferiores, en las inferiores sobresalen con respecto a los travesaños y superficies de la base del container unos 17 mm (+0.5, -6.0 mm), y las caras superiores de las cantoneras superiores sobresalen con respecto a las superficie de la cubierta en su punto más algo unos 6 mm. Las caras exteriores de las cantoneras sobresalen de las caras exteriores de los soportes de esquina unos 3 mm. Bajo una carga de 1.8 veces el peso bruto máximo ningún elemento de la base sobresale más de 6 mm. bajo el fondo de las cantoneras.

Vista inferior de un container, en el que se aprecia el denominado "túnel de cuello de ganso", y el panel frontal.

La estructura de la base está compuesta por dos carriles laterales, una serie de travesaños y un túnel de *cuello de ganso* (*gooseneck tunnel*) para poder encajar la quinta rueda de los trailes, soldados entre sí solidariamente formando una sub-estructura. Este túnel de cuello de ganso, cuyo nombre deriva de la forma que tenían los enganches de los antiguos remolques de los trailers, no se incluye lógicamente en los containers más pequeños. Cada carril lateral inferior, pues, está construido de acero extrusionado en una pieza. La pestaña exterior hacia fuera supone una mayor facilidad de reparación, minimizando la posibilidad de corrosión. Los travesaños están construidos de una serie de pequeños elementos plegados con perfil en U y otros alargados, su situación corresponde a las juntas de cada tablero de contrachapado del suelo, que se coloca a una cierta distancia de su eje. Hay tres piezas de 4,00 mm. de grosor formado el perfil en cada travesaño. El túnel de cuello de ganso lo forman, una pieza de chapa plegada en forma de sombrero, una serie de de piezas son forma de arco y perfil en U, una cabezal con sección de caja (o caja soldada) y los "patines" del túnel.

El túnel de cuello de ganso está diseñado según la normativa ISO: chapa del tunel: 4,0 mm de espesor, arco del túnel: 4.5 mm espesor, cabezal: 150 x 100 x 4.0 mm, 4.0 mm espesor. El carril central inferior está compuesto por una pletina de 4.0 x 50 mm colocada sin apretar sobre los travesaños que soportan el tablero del suelo, en el centro. El retén inferior está compuesto por una serie de escuadras de acero de 30 x 20 x 2.3 mm que están colocadas en los carriles inferiores laterales junto a los travesaños que soportan el tablero del suelo. Existen cuatro de base, colocadas en las esquinas, y son unas piezas de seguridad que se sueldan entre los carriles laterales y las cantoneras, cuya dimensión es de 200 x 146 x 4.0 mm.

La parte delantera del container está constituida por la estructura frontal y el panel frontal, propiamente dicho, de chapa plegada, soldada solidariamente como una sub-estructura. La estructura frontal está compuesta de dos soportes de esquina, un larguero superior (sub-estructura), un larguero inferior y cuatro cantoneras. Cada poste de esquina está hecho de acero extrusionado de 6,00 mm de grosor para conseguir la capacidad portante necesaria, un peso no excesivo y un fácil mantenimiento. El larguero superior (sub-estructura) esta realizado con un tubular de acero de sección cuadrada en la parte de abajo y una pletina en la parte superior. La parte superior entra en toda su longitud en el interior del container ocupando todo el grosor de las cantoneras, el tubular inferior es de 60 x 60 x 3,0 mm y la parte superior de 3., mm de espesor

El larguero inferior cosiste en un tubular de sección cuadrada con dos protecciones en los extremos, y con pletinas para soportar el tablero del suelo. Las dos protecciones están situadas de forma adyacente al accesorio del suelo para prevenir daños producidos por cualquier torsión descuadre. Las dimensiones de las piezas son: protectores longitudinales de los extremos: 8,0 mm espesor, tubo cuadrado de 60 x 60 x 3.0 mm, pletinas: 3.0 mm espesor, cantoneras inferiores: 8,0 mm espesor.

El panel frontal está compuesto de una lámina de acero plegado en vertical con sección trapezoidal, en piezas unidas solidariamente para formar un solo panel por medio de soldadura continua. El espesor de la chapa es de 2,0 mm, y las dimensiones de plegado son: fondo, 45,6 mm; lado exterior,110 mm; lado interior, 104 mm; cara inclinada, 18 mm; total plegadura: 250 mm.

En la parte trasera del container se montan las puertas, siendo la estructura distinta del frontal.

La estructura trasera, en dónde se fijan las puertas del container está compuesta por un dintel, un batiente, cuatro cantoneras y dos postes de esquina. Cada poste de esquina trasero está construido por una pieza interior de acero en perfil en U y plegado y una parte exterior de acero extrusionado, soldadas conjuntamente para formar una sección hueca que permita la apertura de la puerta y que sea capaz de de soportar los esfuerzos de tracción y compresión. Estos postes llevan soldadas las cuatro espigas de las bisagras de las puertas: parte interior, 113 x 40 x 12 mm; parte exterior, 6,0 mm de espesor. El dintel se construye por una pieza inferior de perfil en U de acero extrusionado con nervaduras interiores plegadas en el lugar que se acoplan los herrajes de cierre y una parte superior de chapa acero extrusionado como cabecera trasera, estas piezas están soldadas solidariamente formado una seción de cajón para conseguir la suficiente rigidez: cabecera trasera, 4,0 mm de espesor; chapa: 3,0 mm de espesor; nervio: 4,0 mm de espesor. El batiente de la puerta se construye con una pieza de acero extrusionado con un perfil especial en U, con nervadura interior y soportes para cada uno de los herrajes de cierre. La cara superior del batiente tiene una pequeña inclinación para facilitar la evacuación de agua, y la parte superior está al mismo nivel del tablero de suelo de madera. Dos piezas de acero de perfil U se fijan de forma adyacente a la pieza inferior para prevenir daños producidos por torsiones o descuadres: batiente, 4,5 mm de espesor (inclinación: 10 mm); nervios de refuerzo: 4,0 mm; sección U: 200 x 75 x 9 mm.

En esta parte se montan las puertas, cada una con dos fallebas de cierre, cuatro bisagras y juntas estancas. Cada hoja está compuesta por una marco de acero con piezas horizontales (superior e inferior) y verticales (interior y exterior), soldadas para formar la estructura de la puerta. El panel de la puerta, con varias plegaduras horizontales, según el fabricante, se construye en acero de 2,0 mm de espesor, sobre el bastidor antes mencionado cuyas piezas son: las horizontales (con perfil en U) de 150 x 50 x 3,0 mm, y las verticales de 100 x 50 x 3,0 mm. Las puertas son abatibles a 270^{0}, pudiendo permanecer fijas abiertas si se desea (sería necesario sujetarlas con cabos de nylon, o similares que algunos modelos incorporan). Las hojas de las puertas están diseñadas de forma que la hoja derecha se abre antes que la izquierda, ya que esa es la normativa que impone la T.I.R. Las juntas estancas están construidas de EPDM extruido, con doble labio, la parte superior y lateral de la junta tiene sección en forma de J, y la parte inferior en forma de C. Está fijada a la hoja mediante adhesivo sellante, además de remaches de acero ciegos. Las cuatro bisagras se fabrican en de acero inoxidable, con rodamientos de nylon y arandelas de bronce. El sistema de cierre compuesto por las cuatro fallebas es de acero galvanizado, y se asegura a los elementos fijados en la estructura de container. Suelen tener las puertas en el interior unos tiradores hechos de cuerda de nylon que se enganchan en el exterior para mantenerlas abiertas si es necesario.

Los laterales se cierran mediante paneles se sueldan de forma continua uno a otro, estando compuestos por unas 11 piezas, y a los perfiles superior e inferior así como a los soportes o postes de esquina. La penetración de la soldadura en los paneles laterales es de un 75% como mínimo. Están coronados por unas piezas que denominaré carriles laterales superiores. Cada uno de estos carriles laterales superiores está formado por un perfil tubular cuadrado de 60 x 60 x 3,0 mm. Como decía, cada pared lateral se compone de una serie de piezas de chapa del espesor constante, con plegaduras en toda su longitud y en sentido vertical con forma trapezoidal, unidos entre sí para forma una sola de pieza mediante soldadura automática. Las sección trapezoidal responde a la siguiente geometría: altura, 36 mm; base mayor (ext..), 72 mm; base menor (int..), 70 mm; lados, 68 mm; total, 278 mm, el espesor de la chapa es de 1,6 mm de espesor.

En el interior del container podemos apreciar las cartelas de refuerzo delanteras de la cubierta, y el suelo de madera contrachapada.

La cubierta de forma mediante una serie de paneles de chapa plegada y estampada con un determinado abombamiento en el centro de cada figura. Estas láminas, que también se sueldan mediante soldadura automática, en piezas separadas en un número de 11. Su configuración geométrica es: profundidad de la corruga, 20 mm; cara interior, 91 mm; cara exterior, 91 mm; lados, 13,5 mm; total, 209 mm; cámara superior, 5 mm, el espesor de la chapa es de 2,0 mm. Para reforzar la lámina de cubierta, el container lleva montadas en las cuatro cantoneras otras tantas cartelas de refuerzo de 300 x 270 mm, y de un espesor de 3,0 mm.

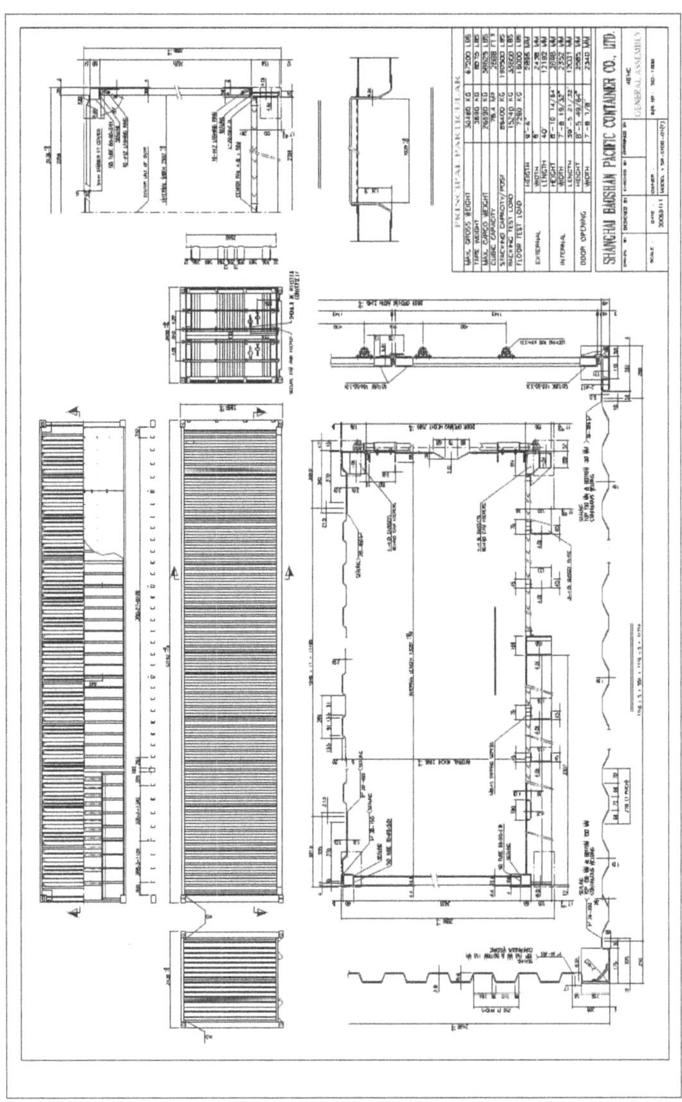

La mayoría de fabricantes proporcionan todas las especificaciones de los containers, incluidos planos completos y detallados.

El suelo del container es de madera contrachapada, en planchas que tienen un espesor de 28 mm. Estas planchas están fijadas en los travesaños de la estructura de la base del container en sentido longitudinal por medio de tornillos. Es habitual que incorporen tratamientos marinos y contra insectos, de acuerdo con alguna normativa particular como puede ser la del *Commonwealth Dept. of Health (Plant Quarantine Treatment Schedule) for Timber Components (T.C.T.).*

Para garantizar su hermeticidad, los containers presentan sus juntas selladas: en cada junta del suelo, todas las juntas interiores de ensamblaje, los orificios de tornillería, las tres placas de identificación reglamentarias por la exigencia de la CSC, y los aireadores (dispuestos como válvulas de seguridad para que salga aire por causa de sobrepresiones interiores, provocadas por germinación de semillas, calentamiento, etc.), y en general todas aquellas partes en las que puede entrar agua.

La pintura es muy importante en los containers, tras una preparación normalmente todas las piezas mediante chorro de arena, sobre la que se aplica una imprimación compatible con la pintura, antes del montaje de las piezas, una vez que esto se ejecuta se vuelven a tratar las soldaduras con chorro de arena de forma manual, quitando todas las rebabas que pudieran existir, siendo este proceso especialmente cuidadoso ya que la pintura es la que protege al container. Los tipos de pintura varían según los fabricantes, utilizando pinturas de epoxi, acrílicas y clorocaucho, siendo las imprimaciones a base de zinc. Los espesores no suelen bajar de las 220 micras en el exterior y 150 micras en el interior, en diferentes capas.

Los containers están además marcados de acuerdo a los requerimiento de la norma ISO, los logotipos de la compañía propietaria y otros requerimientos oficiales de acuerdo con la legislación de cada país, lo que les confiere esa imagen industrial y tecnificada.

Para terminar hemos de señalar que los distintos fabricantes ofrecen garantías de aproximadamente 5 años para la pintura, y 10 años para la corrosión, siendo esto tan importante que se definen los daños que significan que la pintura esté estropeada (por ejemplo más del 10% de la superficie afectada suele suponer que el fabricante asume la pintura total de la pieza) y de la corrosión, haciendo referencia a la Escala Europea de corrosión, (*European Scale of negree or rusting*) ER3, normalmente.

No ha sido la intención del autor proporcionar una sobreabundancia de datos, que en general tienen un relativo valor en este trabajo. Sin embargo lo que si se desprende del estudio de la configuración de un container de transporte es la extraordinaria complejidad de su diseño, que ha logrado la optimización de la cantidad del acero empleado para aligerar al máximo su peso si comprometer su comportamiento físico en general, en función de emplear una gran diversidad de perfilería, espesores de chapa, tipos de plegado y diversos elementos. Es pues una pieza de ingeniería que responde a un sofisticado diseño, fruto de años de investigación y de pasar las más duras pruebas, tanto en bancos de pruebas como en el mejor laboratorio que existe, el mar.

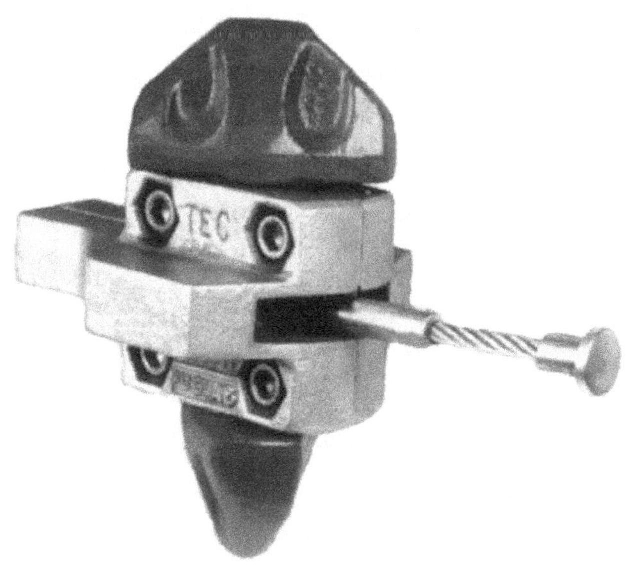

Elemento de fijación entre dos containers.

Para finalizar, hemos de señalar que existen piezas complementarias que se usan para la fijación de los containers en la cubierta de los cargueros, y en las plataformas de los vehículos terrestres. Estas piezas, fundamentalmente pues de amarre y estiba de los mismos se pueden adquirir en la industria especializada y son piezas de muy diversos tipos, de acuerdo con la función que cumplan: entre dos containers contiguos, entre uno superior e inferior, etc., y suelen estar diseñados para anclar los containers en sus piezas de esquina.

PROPIEDADES TECTÓNICAS DE LOS CONTAINERS

Aunque para algunos nos resultan evidentes, entiendo que es necesario reflexionar sobre este tema, más que para demostrar que construir edificios usando containers marinos, es una forma tan clasificable dentro de la arquitectura y no de la arquitectura alternativa, para enumerar y estudiar las innumerables propiedades y ventajas que hacen que la Arquitectura de Containers, AC, empiece a ser equiparable en importancia, en incluso estar por encima de otras arquitecturas. Las propiedades son de diferentes índoles, y todas vienen a sumarse, haciendo de la Arquitectura de Containers, un hecho irreversible a nivel global.

El container marino, es por si mismo, una pieza con un alto rendimiento estructural.

Todas las propiedades que enumeremos no están al mismo nivel, pero coexisten, y se suman a las propiedades que tiene en general la arquitectura.

Es un hecho que, la primera aplicación a la arquitectura de los containers marinos, la hicieron sus propios creadores, casi de la misma forma natural que los primeros y desconocidos constructores de la humanidad colocaron una piedra sobre otra. Los containers son apilables, y eso en sí mismo, es edificar. Por tanto, con unas ligeras modificaciones en su configuración, pasaron de tener un conjunto de containers independientes a un verdadero edificio hecho de containers.

Los containers están diseñados para ser transportado, y su manipulación es sencilla y rápida.

Un container *contiene* tanto espacio que uno solo puede albergar todo lo necesario para que una unidad familiar mínima pueda vivir, de hecho, podríamos decir que la mayor parte de la humanidad vive en dimensiones tan reducidas como la de un container marino, pues un container marino ISO 40, tiene una *superficie construida* de 29,72 m^2 y su superficie útil (en bruto

28,07 m^2) es, gracias a sus características estructurales, siempre mayor en proporción a la de cualquier construcción realizada por métodos tradicionales, y es definitivamente innegable que colocar uno sobre otro, o uno junto a otro, en las múltiples posibilidades que geométricamente existen es, ni más ni menos que construir, es hacer AC. Si seguimos estudiando las características del mismo container ISO 40', diremos que tiene un peso de 3.800 kg, aunque puede variar según los fabricantes, lo que viene a suponer una repercusión de 127,86 kg/m^2, para la estructura de una planta y cubierta, incluyendo la estructura y parte de la distribución y cerramientos, según el diseño lo requiera. Estas sobrecargas están a mucha distancia de las que tiene una construcción tradicional, lo que significa que se pueden adaptar, con una ligerísima cimentación a cualquier terreno, por pequeña que sea la capacidad portante de éste. Si a esto le sumamos sus 1.025,57 kg/m^2 que pueden soportar, también nos encontramos con una capacidad de carga muy por encima de lo que un edificio requiere, es decir, lo que podríamos denominar como *rendimiento estructural* es tan alto, que no puede ser comparado con un edificio tradicional.

Además hemos de tener en cuenta la extraordinaria *portabilidad* que tienen, para lo cual debemos recalcar que cuando movemos una sola pieza estamos moviendo casi 30 m^2 construidos. Así es, están hechos para ser transportados, y por tanto *ser transportados* es su naturaleza, el desarrollo tecnológico que han supuesto significa que todos los medios de carga y transporte normales de los que disponemos, tales como grúas, camiones, carretillas elevadoras, manipuladores, etc., son válidos para su manejo, transporte, carga, descarga y colocación in situ. Construiremos con ellos, y por tanto, una vez que los hayamos *asentado*, estarán fijos en el lugar de la obra, pero será sumamente fácil volverlos a trasportar o a recolocar. Esta característica de portabilidad, sin querer hablar de una arquitectura portátil o efímera, como puede ser una autocaravana o una caseta provisional de obra, conceptos que no encajan de lleno en el concepto de arquitectura, le confieren a la AC una ventaja más, en primer lugar que repercute como veremos en los costes de fabricación, y en segundo lugar en el posible destino del edificio o del solar, no comprometiendo una actuación del presente para un uso en el futuro.

Esta portabilidad y manejabilidad de las piezas, que hace que con el mismo esfuerzo prácticamente que se necesita para una sola operación dentro de un proceso complejo de tareas en la arquitectura tradicional, como puede ser por ejemplo la secuencia de colocación de cimbras, encofrados, colocación de armaduras, hormigonado, curado, tiempo de espera y desmoldado-descimbrado del elemento, tradicional en una obra ejecutada con hormigón in situ, en AC significa la colocación de 30 m² en la obra, en algunos casos prácticamente completos. Es decir, en cuanto a los plazos la construcción prefabricada, es notorio y sabido que supera en acortamiento de los mismos a la construcción tradicional, y la AC la prefabricación tradicional, siendo el menor acortamiento de plazos de AC con respecto a la construcción tradicional es de *dos tercios*, lo que significa que una obra que se ejecuta en *doce meses*, ejecutándola por el sistema AC se podrá ejecutar en tan sólo *cuatro*, aunque estos cuatro pueden aun reducirse, incluso a *dos*, si los procesos de prefabricación se optimizan.

AC, acortamiento de plazos.

De esta forma quedan definidas la primeras propiedades del container como elemento arquitectónico, siendo un *material* en si mismo, tanto como lo es un ladrillo, una barra de acero laminado de perfil "H" o un sillar de piedra labrado. Pero también es algo más que un material, porque en sí mismo, sin ninguna modificación reúne todas las propiedades de un edificio: estabilidad, estanqueidad (de hecho son algo más que estancos, son herméticos), seguridad, siendo usados desde siempre como tales. Un container es un pequeño almacén, y la única condición para que lo sea es que esté colocado en el sitio adecuado.

AC, industrialización de los procesos.

Arquitectónicamente podríamos definir al container como una pieza básica que contiene y genera espacio, desde el punto de vista constructivo como un *material elaborado*, que se coloca en el sitio de la construcción componiendo desde ese momento un elemento de otro mayor que es el edificio. Un ladrillo o una barra metálica también son materiales elaborados, sin embargo en si mismos no ofrecen más que una piedra, sin labrar, o una un trozo de tronco de árbol, en el sentido conceptual de la construcción. Así pues, mejor que un material elaborado, podemos decir que es un *elemento prefabricado*, con lo que queda definida otra propiedad cuyo desarrollo podría ser, y de hecho lo es, objeto de innumerables manuales. La *prefabricación* viene a resolver problemas de la construcción tradicional, así como a optimizar prácticamente todos los procesos constructivos tradicionales.

Como consecuencia de la posibilidad de prefabricar los edificios construidos mediante AC, y por tanto aplicar una gran *industrialización* se pueden conseguir procesos de fabricación o construcción extraordinariamente precisos, eliminando la mayor una gran parte de errores, pudiendo ser objeto de la aplicación de los sistemas de aseguramiento de la *calidad* que se aplican en otros procesos industriales, tales como la construcción de automóviles, electrodomésticos, maquinaria industrial, etc.

AC, alta calidad.

Los sistemas de aseguramiento de calidad, actualmente en las empresas constructoras, constituyen un procedimiento que tiene más de burocracia que de procedimiento a seguir en las actividades propias de la empresa. Sin embargo no hemos de olvidar que los sistemas de calidad enunciados principalmente por William Edwards Deming en las empresas de Japón tras la Segunda Guerra Mundial, hicieron de este país una potencia mundial, cuando, además de haber sufrido la devastación bélica, antes de la guerra era un país de estructura feudal y sin desarrollo tecnológico. La característica artesanal y de métodos tradicionales, además de la ubicación de la *fábrica* en sitios cambiantes y sometidos a los rigores climatológicos, así como la creciente *subcontratación estructural* en el sector, hace especialmente difícil el control de los procesos y por tanto la aplicación de un sistema de calidad, que en general está pensado para procesos industriales ejecutados en taller.

Además de esta ventaja, la producción industrial y la prefabricación de los procesos, posibilita pasar, en los casos en que el volumen del edificio o del número de unidades a construir, de la producción en serie a la *producción en cadena*, verdadero paso que culmina realmente la revolución industrial, y posibilita que los costes destinados al control y a la aplicación de los sistemas de calidad fuera de los procesos, sean lo suficientemente bajos como para que el empresario los aplique, teniendo una reversión directa de éstos en la venta del producto. Esto, aplicado a la construcción industrializada en AC tiene como consecuencia directa el aumento de la *calidad del producto*, así pues, podemos decir sin equivocarnos que un proceso industrial, sometido a un riguroso sistema de control de la calidad, genera un producto de más alta calidad que el que se fabrica de forma artesanal.

Este primer grupo de propiedades que destaco en AC hace referencia a la fabricación, a la actividad puramente constructiva o industrial del proceso, pero no olvido que estamos hablando de Arquitectura. Como dijo el arquitecto malagueño Alberto Campo Urbay en su conferencia *Arquitectura de Containers. Procesos en Málaga* dictada en la sede colegial de los arquitectos de málaga el 5 de noviembre de 2009: *me propongo demostrar que la construcción con containers es arquitectura en si misma.* Campo Urbay es quizás el primer ejemplo de arquitecto que dirige una obra de estas características en Andalucía, y desde luego, mediante la aplicación de sus tesis a los dos proyectos que hasta la fecha había realizado, ambos en el campus de la Universidad de Málaga, y en el desarrollo de la conferencia, quedó demostrado que la a la AC, le corresponden las tres características que Vitruvio atribuye a la arquitectura, y este siguiente grupo de propiedades corresponden a la parte más propia de la arquitectura, la que atañe a su esencia y la diferencia de otras artes de construcción.

AC, identidad propia.

En primer lugar hay que decir que cualquier edificio AC tiene su propia *identidad*, una estética propia y definitoria, una imagen que engloba de alguna manera todas las características y propiedades que aquí enumeramos y que están relacionadas con la estandarización, la racionalización y la industrialización que suponen la propia containerización a la que hacía referencia al principio.

El mantenimiento en mayor o menor medida de esta estética propia corresponde al arquitecto, y está en función de muchos parámetros, ya que a veces el promotor decide sobre el diseño final, siendo sus necesidades en algunos casos las de disimular el aspecto propio de los containers o en otros de exagerarlo incluso. Es esta característica mucho más acusada normalmente en el exterior que en el interior, ya que los interiores, por obvias necesidades, se acomodan a materiales de acabado que los homogeneizan con la arquitectura tradicional. Sin embargo, el exterior de los containers como tal, está diseñado para resistir sin ningún problema las agresiones de la atmosfera y los elementos que contiene, siendo la principal característica de éstos la protección en forma de capa de pintura que los protege, aunque están construidos en general con acero patinable. Esta pintura, cuya función principal es la protección contra la oxidación de la chapa de acero, cumple también la función estética de diferenciar los containers de una compañía o de otra, colores que normalmente van acompañados con el logotipo o el nombre de la compañía propietaria. Esta característica que se convierte en estética aunque nace de una necesidad constructiva, comporta el segundo factor estético: el color, que unido a la forma confiere la identidad estética de la que hablo.

En la arquitectura tradicional, el color normalmente viene determinado por los colores propios de los materiales de acabado, siendo la libertad de color normalmente destinada para pequeños elementos, aunque en algunos casos, zonas geográficas, materiales, etc., la riqueza de color es también manifiesta, pero siempre lo será cuando pintemos los containers y no los revistamos, con otro material, posibilidad que también existe.

AC, innovación.

Es también una arquitectura, a veces más por mentalidad o por carácter que se presta a la *innovación*, ya que los procesos son nuevos para los profesionales que la practicamos, lo cual es un reto y en si mismo supone un reto para la creatividad y para la investigación.

AC, arquitectura modular.

Más allá de la identidad estética, aunque unida a ella, existe otra propiedad fundamental al usar contendores, y es la *modulación*. La modulación es una característica fundamental que muchos arquitectos propugnan en todo tipo de arquitectura. Decía Sáenz de Oiza: *al que modula, Dios la ayuda*, y es cierto, modular, al tiempo que hace que el edificio tenga armonía y equilibrio, facilita enormemente la construcción. Y esta claro que un contendor de transporte es en sí mismo un módulo, del que en absoluto hay que huir, sino que, al contrario hay que contar como un aliado para desarrollar el proyecto. La modulación está implícita en la arquitectura, al menos en la buena arquitectura y es necesaria para comprenderla. Cuando estudiamos un edificio histórico es casi imposible no encontrar una relación geométrica entre las partes, esa relación es lo que se denomina *modulación*. La modulación ha respondido a lo largo de los siglos a diferentes criterios, a veces han sido puramente estéticos, a veces corresponden a teorías matemáticas como pueden ser los estudios de Pitágoras, otras veces corresponden a razones filosóficas como la perfecta unidad de formas en las teorías de Platón, hay módulos que se basan en escalas antropomórficas, y de otro tipo. En cualquier caso, la modulación ayuda tanto a la compresión del edificio, a su diseño y a su construcción, así como a la fabricación de los elementos, a su replanteo, y al resto de procesos que abarca la tarea edificatoria.

El elemento o medida que sirve de patrón a la modulación es lo que se denomina módulo y sus características son las siguientes: debe ser lo suficientemente grande como para lograr una correlación conveniente de las dimensiones, ya que si es muy pequeño los múltiplos son demasiado numerosos; ser, sin embargo, suficientemente pequeño para que las relaciones no sean demasiado complejas, y por tanto de difícil comprensión; se debe poder expresar en número entero, de acuerdo con la unidad de medida que se emplee para construirlo; debe poder expresar con razones sencillas todas las dimensiones de la obra, pudiendo ser el común denominador de todas las medidas sin dejar restos, razones no enteras o decimales no periódicos, y por último, debe ser comprensible en la escala humana, siendo de todos conocida la modulación que hace Vitruvio del propio cuerpo humano, inmortalizada en el dibujo de Leonardo da Vinci.

No es necesario ampliar más esta idea, que está presente, a diferentes escalas siempre en la arquitectura, y que, en algunos casos, como en la arquitectura muy antigua, corresponde más a una necesidad que a una idea que fuera la consecuencia de una tesis previa. El resultado es que en AC, la modulación nos la da el propio elemento, cuyas medidas de largo y ancho son el módulo y que cumplen perfectamente las condiciones de serlo, tomemos para ello el container ISO 40', sobre el que venimos tratando. Sus medidas se expresan en números enteros, teniendo en cuenta que se usa para su diseño el sistema anglosajón de medidas, y por tanto son de 8'x40', sencillas medidas que componen una razón de 1/5, siendo por tanto el módulo que usaremos el de la anchura del container: 8', que en el sistema métrico es 2,42 m. No hace falta decir, que el sistema anglosajón de medidas se basa en dimensiones humanas, ya que es el sistema métrico el que abandona esta idea y se basa en una unidad de medida que tienen las dimensiones de la tierra como patrón: el metro. De esta forma, la necesaria modulación que existe de una forma implícita en AC, nos viene dada por la *caja*, protagonista de toda la historia, siendo prácticamente imposible por tanto *no modular* el proyecto, lo que necesariamente deriva en una obra de arquitectura desordenada e incomprensible, obteniendo por consiguiente todas las ventajas de utilizar una modulación que responde a todas los cánones de ésta, y que además no tenemos que construir, pudiendo de alguna manera utilizarla como unidad de medida: en longitud 1 mod=8'=2,42 m., y en superficie 1 mod=320 sq.ft.=29,72 m., pero será mucho más fácil contar tantos containers para calcular y sobre todo comprender las dimensiones de nuestra obra. Existen otros tipos de containers que podemos usar, como son los de 20', cuya dimensión serán 2,5 mod de longitud, y otros menos usados como los de 30', cuya dimensión es 1,33 mod, y de 10' cuya longitud es de 0,2 mod.

Las propiedades que se derivan de la modulación en AC, son evidentes y directas, y son las siguientes: la *racionalidad*, la *versatilidad* y la *sencillez*.

AC, racionalización de espacios

La racionalidad del diseño, y como consecuencia la *racionalidad de las superficies* y de los espacios que se generan en AC es fruto de la modulación, y se consigue cuando se estudian, antes de la aplicación de los espacios que nos presenta el programa de necesidades del proyecto, las necesidades de éstos. Esto sucede realmente en toda la arquitectura modular, y es válido tanto para las dimensiones grandes, es decir, mayores de 1 módulo que se aplican en superficies normalmente, y las pequeñas, menores de 1 módulo para elementos concretos como huecos de puertas o ventanas. El proceso será necesariamente saber cuántos módulos se necesitan para cada uno de los espacios del proyecto, esto es, si se trata de viviendas para cada tipo de dormitorio, salón, cocina o baño; si se trata de oficinas para cada tipo de despacho, sala de reuniones; si para colegios, aulas, comedores y así con todo. Una vez decidido esto, sólo hace falta *contar* los containers necesarios y disponerlos en la forma adecuada, pudiendo tener algo tan directo como un *predimensionamiento de costes* mucho más real que con cualquier otro módulo usado tradicionalmente, como es el m^2, unidad docente, cama, plaza de espectador, etc., sabiendo además siempre que el *espacio* destinado a cada uso será el *óptimo*, puesto que parte de un estudio pormenorizado. Es evidente que en la arquitectura tradicional, no modulada, esto no sucede, repitiendo constantemente el desaprovechamiento de superficie, en unos casos o la dificultad de uso en otros. Además de aprovechar como hemos visto al principio de forma óptima las superficies útiles con respecto a las construidas, por la propia configuración estructural de los containers de transporte, se une una perfecta racionalidad, asignado a cada uso la superficie necesaria.

AC, adaptable a todos los espacios.

La *versatilidad*, es una característica que también se deriva del módulo y de las características del container. Es esta una característica quizás más difícil de encontrar a simple vista que la de la racionalidad, pero que existe, y que debemos tener en cuenta, ya que con AC podemos construir, con los conceptos, la modulación y los elementos de que disponemos, prácticamente cualquier edificio. Naturalmente que dentro de un container no cabe un campo de tenis, pero podemos superponer en altura y en anchura los módulos necesarios para hacerlo. Cuando nos planteemos un proyecto no debemos nunca limitarnos por sus dimensiones o características, ya que existen proyectos construidos que demuestran que es posible ejecutar, con AC pabellones deportivos, centros comerciales, restaurantes, y en general cualquier edificio que se construye, al menos, por medios tradicionales.

AC, "less is more", por naturaleza.

Y la tercera propiedad que deriva de la modulación es la *sencillez*, que es en si misma una propiedad para algunos estilos de arquitectura y una cualidad en todos. La arquitectura entre las cualidades esenciales tiene, sobre todas las demás, la de la racionalidad, y de la misma deriva la sencillez, la máxima *less is more*, es de ampliación a toda arquitectura de calidad, y lo que significa es realmente es que sólo se ha de poner lo que se necesita y tanto su forma, su tamaño, sus cualidades derivan de su función. La arquitectura de containers es extraordinariamente sencilla, en AC *less is more* por naturaleza, el espacio esta tasado, racionalizado por definición, y no hay nada más que lo que debe haber, generando con soluciones sencillas, espacios y volúmenes, de mayor complejidad y de mayor riqueza arquitectónica que otro ejecutados a base de añadir elemento sobre elemento.

De estos dos grupos de propiedades, es decir de los que derivan de la geometría aplicada a AC, y por tanto utiliza un módulo, así como de las que derivan de su morfología estructural, y le confieren la propiedad de utilizar procesos industriales, se genera una propiedad subsiguiente que es la gran facilidad que tiene la AC de ser *ampliada* o *transformada*. En efecto, al utilizar un módulo que será mañana el mismo que ayer, y que será el mismo aquí que las antípodas, la posibilidad de añadir uno o más módulos al edificio es siempre posible, ampliando su superficie si es que se necesita, siendo de aplicación lo mismo para su transformación o reforma.

AC, facilidad de ampliación y modificación.

Esta característica puede estar incluso perfectamente prevista en el proyecto, ofreciendo, como en cualquier otro producto de nuestra industria los módulos que se necesiten dejando abierta la posibilidad de una ampliación. A veces nos encontramos con promotores que no están seguros de poder afrontar la construcción del edificio en su totalidad, la arquitectura tradicional tiene este supuesto mal solucionado, ya que es difícil concebir *medio edificio*, por decirlo de alguna manera. Sin embargo en AC, todas las partes del mismo son iguales, y son iguales los de abajo a los de arriba, así como los de cualquier lado, siendo por tanto el mismo container el que remata un edificio de dos plantas o el que remata uno de dos. Es evidente la facilidad de levantar una planta más o adosar un cuerpo más. Esta posibilidad es aplicable a la modificación o transformación del edificio, siempre que se conserve la modulación.

Es asimismo ideal para la concepción de proyectos modulares siendo el mismo proyecto para 30 viviendas que para 40; para 10 unidades de un colegio que para 14 y así sucesivamente. Para finalizar este punto, sólo apuntaré que tanto las ampliaciones como las transformaciones se ejecutan en tiempos brevísimos, minimizando, o incluso reduciendo a la nada, las molestias que cualquier obra de este tipo ocasionan a los usuarios del edificio.

El último grupo de propiedades o ventajas que sobre la arquitectura tradicional tiene AC, las englobaré en las que hacen referencia al uso del edificio, a su mantenimiento y a su comportamiento en relación con el medio ambiente, estando necesariamente enlazadas con la propiedades ecológicas de esta construcción, que son mucho mayores cuando se utilizan containers reciclados, posibilidad siempre deseable, y que debe formar parte del ideario de AC.

La ecología ha dejado de ser una moda para ser una necesidad, siendo prioritario el punto de vista de respeto al medio ambiente que representa o debe representar cualquier actividad humana, tanto más la construcción de edificios, y el comportamiento de éstos. Así pues, como sabemos, un edificio tiene tanto mejor comportamiento ecológico, de acuerdo con los siguientes parámetros: el menor consumo de energía durante su construcción y mantenimiento, el menor consumo de energía necesario para su funcionamiento, el menor número de residuos que genere su construcción así como el menor número de elementos no biodegradables que contenga.

Aunque repasemos todos estos conceptos aplicados a AC, es evidente las ventajas que en este sentido tiene, sin embargo conviene cuantificarlas. En primer lugar consideremos lo que un container de transporte usado, que es perfectamente válido para construir y ya ha superado el ciclo de vida como elemento de transporte, supone. Hemos de decir que el reciclaje de containers obedece no sólo a una obsolescencia de uso sobrevenida por accidentes o simplemente por el paso del tiempo, ya que también obedece a un excedente de éstos en los países que tienen una balanza de comercio exterior deficitaria, es decir exportan menos que importan, lo que hace que en los puertos, crezcan los almacenajes de containers usados, que no tienen salida para el comercio, o que han de ser transportados en vacío, y que como veremos, y en esto nos adelantamos al futuro, tendrán salida para AC.

AC, reciclar, reutilizar.

El container procura al edificio: estructura, cerramientos, particiones, revestimientos y cubierta de una forma total o parcial, además de una influencia en la cimentación que hace que ésta se reduzca a una mínima expresión, no necesitando nunca cimentaciones especiales. Podemos considerar que estos elementos tienen una importancia en cuanto a consumo energético en relación con el total de la construcción del edificio de un porcentaje que varía entre un 45% y un 55%, lo que significa el *ahorro energético* que se consigue construyendo con containers. Esto es posible porque con AC se llega al estadio ideal del reciclaje que es la reutilización, ya que el reciclaje supone un gran ahorro de energía, pero la reutilización supone el ahorro total de energía.

Además el material con el que se construyen los containers es fundamentalmente acero (COR-TEN), es decir, hierro enriquecido por la aleación de pequeñas cantidades de carbono y otros metales. Material por tanto totalmente reciclable.

Los containers marinos están construidos para poder resistir las condiciones ambientales más duras.

En cuanto al *mantenimiento* podremos decir lo mismo, ya que son elementos que están diseñados para que duren años sin ningún tipo de tratamiento, y esto es en las condiciones ambientales más duras, como son las condiciones atmosféricas de los puertos y sobre todo de alta mar, además de estar sometidos a esfuerzos mecánicos que comprometen su forma u otras características. Es pues obvio que en tierra firme, y sometidos solamente a solicitaciones estáticas, menores en todos los casos a las que reciben en uso habitual, el mantenimiento se ceñirá al repaso de la pintura cuando sea necesario y poco más.

Es por todo esto que un edificio AC posee unas características de sostenibilidad muy por encima de las que tiene un edificio construido por métodos tradicionales, teniendo en cuenta la definición de *arquitectura sostenible*, en cuanto a la que es la que minimiza el impacto ambiental de todos los procesos que implica la construcción, mantenimiento y uso del edificio. Hemos visto que en cuanto a los materiales de fabricación, desechos reutilizados en su mayor parte, ni produce residuos ni consume energía, también sabemos que las técnicas constructivas, al minimizar el proceso de construcción en cuanto al tiempo, suponen un mínimo deterioro medioambiental, así como el mantenimiento.

AC, arquitectura sostenible.

El resto de parámetros que influyen en la sostenibilidad no tienen que ver con AC de forma rigurosa, sin embargo, me atrevo a enunciar que tanto de la génesis del proyecto, del sector social que supone el destino de estos edificios y de la idiosincrasia de los técnicos que intervenimos en ellos, se puede afirmar que hacen que la AC tenga los medios que procuren un alto grado de sostenibilidad, pudiendo decir que forma parte del carácter de AC. Recordemos los puntos básicos en los que se fundamenta la arquitectura sostenible: el ecosistema sobre el que se asienta, los sistemas energéticos que fomentan el ahorro, los materiales de construcción, el reciclaje y reutilización de los residuos y la movilidad, puntos que parecen haberse hecho pensando en la arquitectura de containers.

Dentro de la arquitectura sostenible, podemos enclavar el término de *arquitectura bioclimática* que como sabemos está compuesta por aquella que diseña los edificios teniendo en cuenta las condiciones climáticas propias de la zona y aprovecha los recursos naturales disponibles, como son el sol, la lluvia, el viento, la vegetación, etc., con objeto de minimizar el impacto ambiental y el consumo energético. Con este concepto se pueden lograr ahorros energéticos que supongan la total sostenibilidad del edificio.

AC, arquitectura bioclimática.

El hecho bioclimático no existe en AC per se, ni por supuesto en la arquitectura tradicional, ya que afrontar un edificio de características bioclimáticas hace necesario hacerlo teniendo en cuenta las premisas de esta disciplina. Sin embargo, como decimos antes, la mentalidad, la ideología o el carácter de AC, es la que más se acerca al del respeto por el medio ambiente, tan lejos de la mentalidad reinante en occidente, contagiada a oriente y que es causa del desastre ecológico, probablemente imparable que estamos causando.

El concepto de arquitectura bioclimática, aunque no con este nombre, existe sin embargo en la arquitectura tradicional, de forma que en Andalucía encalamos nuestras casas y en el norte orientan siempre los tejados hacia el sur, siendo estos pequeños ejemplos que debemos aplicar a nuestra arquitectura, y más que un deseo o una aplicación que algunas veces raya lo romántico, debería ser una costumbre, o incluso una ley, como lo es la de dotar a las viviendas de energía solar para la producción de agua caliente.

Reducción de intervenciones por motivos patológicos.

El mantenimiento de un edificio está compuesto por el conjunto de tareas normales necesarias para que preservarlo en buen estado de conservación y de uso, y no componen las tareas de *reparación*, derivadas de un *proceso patológico*. En cualquier caso, es este otro argumento que vienen a sumar a la sostenibilidad del edificio, ya sea de forma eventual. En efecto, en AC, las lesiones y daños debidos a procesos patológicos se reducen a la mínima expresión, siendo casi inexistentes.

Un estudio patológico, propio de la restauración o rehabilitación de edificios supone extenderse más de lo que es objeto de este texto, pero al eliminar materiales como morteros en revestimientos, aplacados, alicatados, chapados, cubiertas tradicionales, materiales con envejecimiento, albañilería tradicional en general y otros sistemas constructivos homólogos, es evidente que las lesiones se reducen al mínimo, siendo casi inexistente la posibilidad de que se produzcan fisuras u otros daños similares. Es excelente también el comportamiento de AC ante la posibilidad de un terremoto, y en cuanto a problemas derivados de la geotecnia, también hemos de tener en cuenta que están normalmente muy lejos de estos edificios, dada la ligereza de los mismos y las pequeñísimas cargas que trasmiten al suelo, como hemos visto.

Los containers son de acero, y en una pequeña proporción de madera, que forma el suelo interior de los mismos, el acero se encuentra protegido por la pintura de los agentes exteriores que son los que lo pueden degradar, y esta pintura sólo puede presentar lesiones por agresiones muy fuera de lo normal. La madera del suelo está normalmente oculta bajo el revestimiento elegido, y es más resistente que cualquier otro suelo de madera que existe en el mercado. El reto de materiales de revestimiento interior, entre los que suele abundar el yeso-cartón o la madera reciclada en tableros de densidad media tampoco son susceptibles de muchos daños. Las instalaciones deben, por causa de su proceso industrial en la ejecución también deben presentar características que hagan difícil daños ocasionales. Es en resumen y como hemos dicho, una arquitectura difícilmente lesionable, de acuerdo con los cuadros patológicos que se describen para la arquitectura tradicional.

Los containers, si constituyen un símbolo, éste es el de la globalización, que por cierto es difícil que encuentre uno mejor. Conocemos por *globalización* al proceso económico, tecnológico, social y cultural a escala mundial, que consiste en la creciente comunicación e interdependencia entre los distintos países, unificando sus mercados, sociedades y culturas, a través de una serie de transformaciones sociales, económicas y políticas que les dan un carácter global. La globalización se identifica normalmente como un proceso dinámico producido principalmente por la sociedad occidental, gobernada por las democracias capitalistas, dependientes de la informática y que dan importancia a la liberalización y democratización en su cultura política, a su ordenamiento jurídico y económico nacional, y en sus relaciones internacionales. Este proceso ha tenido lugar en las últimas décadas del siglo XX, sobre todo tras la caída del comunismo y el fin de la Guerra Fría. Valorar como positivo o negativo este fenómeno, no es objeto evidentemente de este trabajo, correspondiendo solamente su constatación y su aplicación al tema del que trata, ya que existen tanto detractores de la globalización, que se denominan Movimientos Antiglobalización, como fervientes partidarios, además de las lógicas posturas moderadas.

La aplicación de este fenómeno a AC es una evidente ventaja, como veremos a continuación. Un proyecto de arquitectura debe adaptarse, en su mayor parte a los materiales y sistemas constructivos que puedan encontrarse en el lugar en el que se va a construir un edificio, ya que el transporte de todos los materiales, o de la mayoría, podría comprometer la viabilidad económica del mismo.

Si estamos utilizando los conceptos de la arquitectura tradicional, y desarrollamos un proyecto en España peninsular, y ese mismo proyecto lo queremos construir, por ejemplo, en las Islas Canarias, debemos cambiar todas las unidades de obra y sistemas que contengan ladrillos por otros, pues es sabido que en las Islas no se utilizan, ya que que su transporte, aun hecho en containers, encarece el producto hasta el punto de hacerlo no rentable, y se utilizan otros sistemas alternativos. Esto ocurrirá con casi todos los materiales y sistemas constructivos, en una u otra medida, si cambiamos sustancialmente de ámbito geográfico. Sin embargo, vayamos donde vayamos, por causa de la globalización, a la que tanto han contribuido, encontraremos containers de transporte, y estos serán, exactamente igual a los que usamos al lado de casa, y hasta es probable que hayan estado, esos mismos, en nuestra propia ciudad, de paso.

Además de todo esto, AC resuelve la construcción in situ en lugares en que la propia construcción, el acceso de materiales y mano de obra se hace penoso, como en lugares de climatología extrema: sencillamente se transporta la edificación ya terminada. Así pues, si necesitamos desarrollar un proyecto que se construya en cualquier parte del mundo, el sistema ideal a utilizar es, evidentemente, AC. Estemos donde estemos siempre los veremos, haciéndonos recordar que son el símbolo de una era global.

AC, arquitectura global.

El lector que haya, con un esfuerzo que agradezco, hasta este punto, habrá notado que hay una propiedad que no he mencionado, y es la primera que siempre se esgrime cuando se habla de AC. Efectivamente la *economía*, si hay expresiones que siempre se une a AC estas son: *low cost*, economía, bajo presupuesto y otras similares.

AC, sobre todo, arquitectura de bajo coste.

He dejado para el final esta característica puesto que es la más importante, y es la más importante porque el hecho económico es el que hace posible el hecho arquitectónico. En cualquier proyecto influyen muchos factores, pero todos ellos no existirían sino es posible su ejecución por causa de quien lo promueve o financia lo puede hacerlo, sin la viabilidad económica, el proyecto no se lleva a cabo. En el caso de AC, este es un hecho significativo, ya que el coste de un edificio que utiliza este método será siempre más bajo que otro construido por métodos tradicionales.

La variación será, según la experiencia que tenemos es de al menos un 15%, siendo esta diferencia aplicable cuando el método AC no se utiliza en su totalidad, teniendo el proyecto partes mixtas, y no existe las posibilidad de prefabricación o sistematización de los sistemas de producción, cuando esto es así este porcentaje se puede estimar en el doble. Es decir, en el peor de los casos, AC es más barata, y en muchos de ellos, sobre todo en época de crisis, es la única alternativa con la que algunos proyectos podrán llevarse a cabo.

¿Por qué es más barata la Arquitectura de Containers que la tradicional? Sencillamente por todo lo que hemos visto hasta ahora: es más barata por lo que hemos denominado alto rendimiento estructural de la pieza básica, el container de transporte; es más barata por su facilidad de transporte y manejo; es más barata por la rapidez de ejecución de la obra que ahorra los costes fijos; es más barata por la posibilidad de prefabricar e industrializar los procesos; es más barata por la innovación que supone y que revierte en una gran flexibilidad en utilizar productos distintos de los tradicionales; es más barata por la modulación, que hace que se racionalice el espacio y que además de que los m^2 cuesten menos, se reduzcan al máximo el número de estos para cada uso, pudiéndose adaptar a cualquier necesidad y resolviendo esta con la máxima sencillez; es más barata porque es flexible y gracias a la posibilidad de ampliación o modificación se puede ejecutar sólo la parte necesaria en cada momento; es más barata porque utiliza productos de desecho que sólo servirían como chatarra en otras circunstancias, y además minimiza los costes de mantenimiento y reparación, lo que repercute en los seguros y es más barata en definitiva por que es el resultado de aplicar el método más sencillo y más racional que el hombre ha encontrado hasta el momento para construir edificios.

Es un hecho, que a estas alturas del siglo XXI, miles de profesionales en todo el mundo, lo que significa, por cierto, otro hecho global, se han dado cuenta de las grandes ventajas, y sobre todo de la fundamental la económica, que tiene la AC, y es por eso que se ha convertido en un suceso que podríamos denominar imparable, su aplicación de forma generalizada. Proyectos como Container City I en Trinity Buoy Wharf de Londres (2000), Keetwonen en Amsterdam (2005) o el Hotel Travelodge en Uxbridge, Londres (2008), y por supuesto los ejemplos en España del Centro Tecnoloxico Rural de Mazorros de Rafael Novio Y Carlos López Taboada (2006), la R4HOUSE de Luis de Garrido (2008), o en el Jardín Botánico de la Universidad de Málaga de Alberto Campo Urbay (2009), representan sólo ejemplos de un hecho que ya se está dando, en mayor o menor escala, en los lugares más diversos, y con las más diversas particularidades, de todo el mundo, contándose actualmente los proyectos de AC por centenares. Es tan trascendental el fenómeno, que hoy día, el material de construcción más importante del mundo es el container de transporte reciclado: 30 m^2 construidos que deberían ir a la chatarra, y que por motivo, todas las causas que he expuesto aquí, se destinan a viviendas, residencias, salas de exposiciones, oficinas, hoteles, centros comerciales, pabellones deportivos, y todo tipo de edificios, de la chatarra a la AC.

No encuentro, tras esta exposición, ninguna razón para no adoptar el sistema de AC para todos los proyectos en los quc las circunstancias nos lo permitan, habida cuenta de sus indudables ventajas, a excepción quizás de los prejuicios que ante toda innovación se presentan.

EL CAMINO DE AC

La idea. El proyecto. El estudio. El encargo. La ejecución. El primer proyecto.

La idea.

El camino de AC, el camino que supone concebir esta modalidad de edificación, comienza por la idea, la posibilidad de convertir en edificio uno o más containers de transporte. No sabemos ya cómo llegó hasta nosotros, tampoco quien fue el primero que construyó, aparte de los almacenes árticos de Steadman Industries de los años 1950, pero lo cierto es que, por la causa que sea decidimos hacerla nuestra y concebir la posibilidad de construir en base a AC alguna vez.

Adoptar la idea como propia, entender la imagen de varios containers acoplados formando una unidad habitable, deducir desde el principio que los sistemas tradicionales de arquitectura debemos olvidarlos, y saber que esta arquitectura será algo realmente extendido en un futuro no muy lejano, se produce al tiempo.

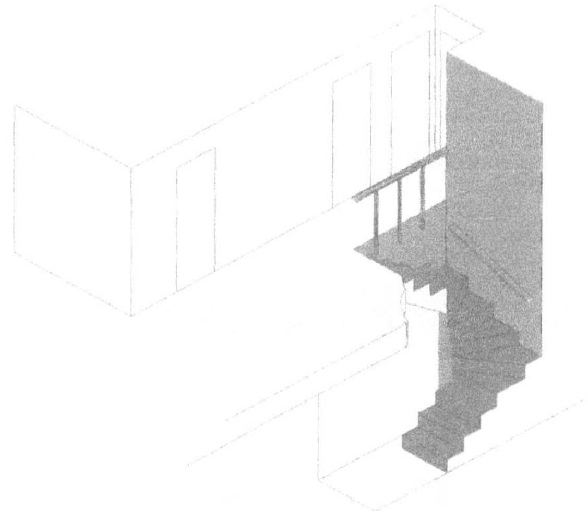

Un dibujo del interior del proyecto.

Yo lo supe a finales de los años 1990, cuando estaba estudiando el proyecto de mi propia casa, y que por supuesto diseñé con AC. Realmente, mi casa consistió en una pequeña reforma de otra que ya existía, pero hice el proyecto de mi propia casa en base a AC, allá por el año 1999, proyecto que no se llevó a cabo porqué la casa original pertenecía a una figura denominada *fuera de ordenación*, y la demolición total para una nueva construcción en AC suponía perder las características urbanísticas consolidadas, de otra forma hubiera intentado llevar a cabo el proyecto, aunque en aquella época no había visto ninguno ni sabía mucho acerca de las posibilidades de AC. En ese momento me familiaricé con las medidas de los containers, de los que yo usé de 20', las alturas, la forma y la estética, además de desarrollar, sólo a nivel de un proyecto básico, los detalles constructivos más importantes.

Construir una vivienda unifamiliar, es prácticamente posible en todos los casos, siempre que esta sea aislada y no tenga que estar alineada a dos medianeras laterales, y en cualquier caso, me atrevo a decir que este caso podría ser estudiado, ya que la primera premisa de AC es que todo se puede hacer. La cuestión es que cuando se plantea una vivienda unifamiliar para ser construida de forma individual, no vamos a estudiar procesos de prefabricación, o de industrialización de los procesos, sistemas que quedarán para la producción de unidades mayores, y no obstante, la vivienda AC se beneficiará del resto de ventajas.

En el proyecto de AC, se prevén todas las operaciones de forma detallada.

Una vez aceptada la idea, se debe plasmar en el proyecto, entendiendo aquí la adaptación del módulo a las necesidades, calculando el número de containers que se necesitan, o bien se pueden colocar. La disposición de los mismos es la labor creativa del proyecto, sobre la que no se puede escribir nada... ese es el diseño del edificio. Conviene decir en este punto que no toda la superficie construida del edificio tiene que corresponder a la superficie total de los containers, multiplicada por el número de éstos, ya que, aunque el edificio no tenga elementos mixtos, podemos crear espacios bajo containers que se apoyan en otros, y esa superficie será añadida a la que los propios containers proporcionan, aunque estas y otras propiedades compositivas y creativas las alcanzará personalmente quien se aventure a iniciar el camino de AC

En cuanto a la definición elaboración de un proyecto de AC, a una de las primeras conclusiones que se llega es que no nos podemos quedar en la realización de la documentación común a cualquier proyecto de arquitectura tradicional, es decir, la definición geométrica, técnica y constructiva del edificio por medio de los planos, la descripción del edificio así como la justificación de todos los cálculos y normativas de la memoria, la concreción de las condiciones de que deberán regir en la ejecución de la obra que contempla el pliego y la valoración económica del presupuesto. En AC debemos ir más lejos, ya que estamos diseñando un nuevo *sistema* constructivo al tiempo que diseñamos el edificio. Es obvio que el diseño del sistema constructivo será válido como aplicación al resto de proyectos que seguirán este camino, ya que utilizar este sistema de forma aislada o anecdótica, sería más propio del bricolaje que de la arquitectura.

Está claro: no habrá que describir un procedimiento para asentar los ladrillos de una fábrica en arquitectura tradicional, pero en AC sí debemos diseñar, o al menos estudiar, un sistema para asentar los containers, para transportarlos, para manipularlos, para transformarlos, etc. Estos *sistemas técnicos*, son los que nos permitirán afrontar la obra de una forma no artesanal, sabiendo qué operaciones haremos en cada momento, siendo necesarias para el propio diseño del proyecto, lo que es evidente, tanto como para la ejecución de la obra así como todas las operaciones previas o de prefabricación que diseñemos.

La primera vez que tuve que diseñar un proyecto para llevar a cabo una obra de AC tenía claras estas premisas, así que comencé por hacer la siguiente anotación en mi diario de trabajo: *Cómo organizar en proyecto, 1) Establecer una planificación, 2) Establecer unas necesidades (recursos), 3) Asignar los recursos, definir responsabilidades, 4) Llevar a cabo el proyecto. La planificación se llevará a cabo pensando en que este primer proyecto será un prototipo para desarrollar los sistemas, por tanto cada sistema se estructurará en forma de una ficha que llevará el nombre de Sistema Técnico Específico y un número de serie: STE/001, ó ST001, etc. Ejecuto una primera planificación.*

Es evidente que afrontaba la tarea con un equipo técnico que desarrollaría las distintas tareas propias de la ejecución del proyecto, comenzando por el propio proyecto que realizaría un arquitecto, así como el desarrollo técnico previsto del mismo, en que participarían arquitectos técnicos e ingenieros. De todo esto, la premisa más importante es que el arquitecto, recorra el *camino* AC desde el principio hasta el final, conozca las premisas, las ventajas y también los inconvenientes, las necesidades, las pretensiones,... en definitiva la filosofía y el carácter de AC, eliminando de la arquitectura tradicional su epíteto, que en AC hace que los elementos que la componen, tradicionalmente, no sean sino rémoras o latiguillos. El camino de AC es un camino totalmente nuevo, la arquitectura es siempre la misma: *firmitas, venustas et utilitas*. Si se consigue esa conjunción podremos eliminar frases como las que también extraigo del mismo diario, en fechas aproximadas a las anteriores: *decidimos aprovechar un diseño que ya existe con anterioridad, aunque realmente no me parece que sea válido una vez que lo he analizado*, que traigo aquí a colación como ejemplo de que para encontrar el camino AC, algunas veces nos perderemos en derrotas que nos conducen a otro lado, nuestro camino AC no será el único posible, pero sí deberemos reconocerlo, ese reconocimiento lo habremos conseguido cuanto entendamos lo que Gustavo Gili, autor del *container housing*, expuesto en Construmat de 2005, denomina las *reglas del juego*, relaciones entre interior y exterior, la disección del espacio, el principio de indeterminación, con espacios no especializados, o sea la ambigüedad en el sentido de flexibilidad, poder hacer comprender a los usuarios de un edificio AC, sobre todo a los de viviendas, que no se *vive dentro* de un container, sino que se utiliza la extraordinaria riqueza de éste para *generar el espacio para vivir*.

El libro de Jure Kotnik

En cuanto al resto de *reglas del juego*, que todos los que hemos recorrido el camino AC comprendemos, y que corresponden al lado más técnico del método, están suficientemente expresadas en el apartado anterior, versatilidad, industrialización y ready-made, rapidez, reutilización y reciclaje, y todas las demás que desembocan en la extraordinaria economía de AC, y sobre todo la extraordinaria facilidad de conocer el presupuesto, y lo que más importante para el promotor-constructor, la extraordinaria fiabilidad del presupuesto al eliminar la variables de incertidumbre que causan las desviaciones en los proyectos de arquitectura tradicional.

Además de todo esto, en el momento en que escribo este texto, occidente presenta un panorama, no ya de crisis sino de recesión económica, y no hace falta dar muchas explicaciones para saber que también es preciso exaltar en sentido común, en todos los campos de la actividad económica, pero sobre todo en la construcción, sector que es reflejo en unos casos y causa en otros de la propia crisis. Y esto no sólo porque en estos tiempos no se puede invertir en grandes obras, sino también porque la construcción, la arquitectura puede ser ejemplo generador de alternativas económicas adaptadas a esta situación, ayudando al resto de la sociedad a encontrar otras formas de funcionamiento social, en general más sostenible, más solidario y más coherente con el futuro.

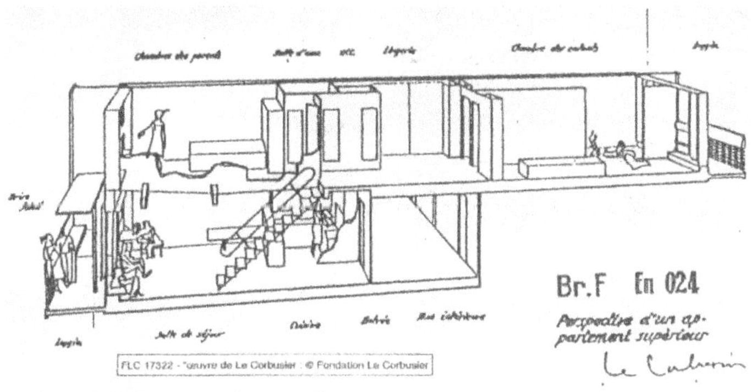

Le Corbusier, la Unidad Habitacional de Marsella.

Esto también es AC, esto también es su camino, y que precisamente pasa cuando se necesita, y que real y afortunadamente comienza a experimentar un interesante desarrollo, tan global, que podríamos empezar a definir como consolidación del método que, como dice Jure Kotnik en *Container Architecture* (2009) respecto a sus aportaciones constructivas, *se adecuan a los principios de firmeza y durabilidad, utilidad y abren un infinito potencial de soluciones e interpretaciones estéticas para el arquitecto*, ya que, sin duda alguna, AC se está constituyendo como la más sólida referencia modelo para la arquitectura construida de materia convencional para plantear una arquitectura útil y realista, que estoy seguro que Le Corbusier, el más grande arquitecto del siglo XX hubiera adopatado sin duda para su Unité d'Habitation de Marsella, si en 1947 hubiera dispuesto de containers de transporte ISO 40' HC, solución que son todas las reservas y respeto que me merece, es muy similar a la que en algún momento llegamos en nuestro equipo de trabajo, por razones absolutamente técnicas, siguiendo los caminos de la razón y la lógica, que las siguientes frases del diario de trabajo explican: *...al hacerlos en dúplex creo que la dificultad constructiva no es tan grande como haciéndolos en horizontal, y además te permite combinarlos con los bloques de módulos de 30 m², más o menos fácilmente (se pueden intercalar apartamentos dúplex con sencillos en el mismo bloque. Otra ventaja: puedes hacer cuatro plantas sin ascensor, ya que el acceso a la última es por la 3ª. Por último, (esta ventaja no es arquitectónica) puedes ampliar el sector de público que accede a alquilar los apartamentos hasta familias con un hijo. Además, me da la impresión que encontraremos más ventajas de esta idea en cuanto la desarrollemos en profundidad. Una vez que los he dibujado me he dado cuenta de la similitud que guardan con las unidades habitacionales de Le Corbusier.*

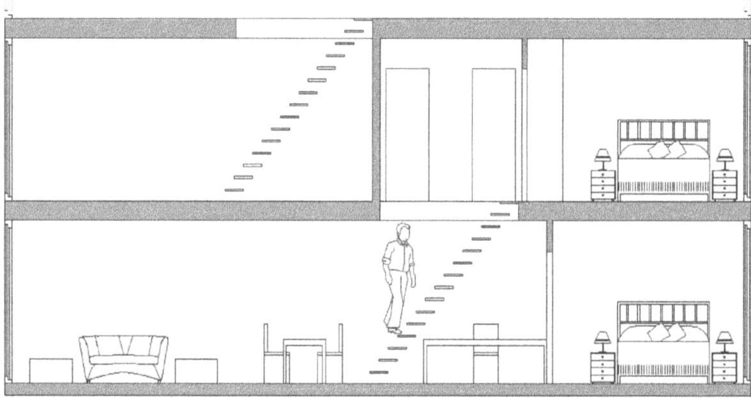

Diseño de alojamientos semi–dúplex.

Alguien podría ver una coincidencia demasiado clara, y sobre todo en la forma en la que está expuesta aquí. Le contestaré igual que lo hizo Mies Van der Rohe, cuando le preguntaron si estaba influido por la arquitectura japonesa: *Nunca he visto ninguna arquitectura japonesa. Nunca he estado en Japón. En nuestro despacho hacemos las cosas con la razón. Quizás los japoneses las hagan igual.*

Este tipo de conclusiones, a las que llegamos de forma particular, te afianza en la idea de que AC está por encima de lo que pudiera ser una tendencia de los tiempos actuales, además de que sabemos, fuera de lo que pudiera parecer, que no es una novedad. Es mucho más que una moda temporal, ya que la sostenibilidad que aportan a la construcción es la evidencia de que se pueden utilizar, de forma acertada, materiales descartados para su uso, habiéndose esto intentado con otros muchos materiales anteriormente, y sólo lográndose con containers de transporte. Tejas, piedra labrada, elementos estructurales de acero, aparatos sanitarios, y otros pequeños ejemplos de reutilización de materiales, son sólo anécdotas comparado con lo que supone la aportación de AC a la sostenibilidad: la posibilidad del reciclaje absolutamente integral de uno de los productos paradigmáticos de la era industrial.

Otra conclusión a la que se llega, de forma que *la arquitectura surge directamente de una aplicación racional de los nuevos elementos constructivos, librados de toda aureola académica y reducidos a la escala humana. Los principios arquitectónicos que presiden la realización de una casa prolongan sus consecuencias hasta el palacio y la ciudad, tendiendo de ese modo a una indispensable unidad arquitectural* (Le Corbusier, *Precisions*), es a la extraordinaria sencillez y racionalidad que supone o debe suponer en el diseño de AC la adecuación a la habitabilidad de los *conjuntos espaciales* que crean los containers de transporte, siendo la adecuación mínima: aislamientos, climatización, puertas y ventanas, que será mayor o menor en función dc la ocultación quc cl dcstinatario dcl cdificio, promotor o usuario, desee, pudiendo dejar perfectamente el aspecto industrial y prístino de las piezas apiladas, o llegar a una apariencia de una clásica edificación.

El proyectista tiene en su mano un material que proporciona una flexibilidad tan extraordinaria de diseño que permite la posibilidad de crear espacios o ambientes, sobre todo interiores, que en nada se diferencian de los acabados tradicionales de la arquitectura de cualquier época, y también puede llevar al extremo ideas creativas en el terreno estético y espacial. En este camino nos iremos encontrando indefectiblemente con otros viajeros, que descubren sus propios caminos, que puntualmente se encuentran con el nuestro, como Eric Reynolds, Don MacArthur, Kent Means, John Wells, Luc Deleu, Shigeru Ban, Ada Tolla, Giuseppe Lignano, Enrique Bueno, Rafael Novio, Carlos López

Taboada, Christina Assmann, Alain Genier, Alberto Campo Urbay, Graeme Addis, Gustau Gili, Emilio Ugarte, Diego del Castillo, Emily Albright, Keith Dewey, Jimmy Lee, Carl Soderberg, Peter DeMaria, Luis de Garrido, Sean Godsell, Jure Kotnik, Ross Stevens, Leger Wanaselja, Adan Kaklin, Kalai Vanan, Colin Reedy, Emilio Ugarte, Paul Cooper, Francisco Javier Carmona, Ruben Rivera Peede, Sara Lamarca Palacio, Nicolas Lacey o Huberto Salgado entre otros. ¿Qué tiene de malo que podamos sentirnos atraídos por unos más que por otros y de alguna manera asumir sus ideas como propias? Absolutamente nada, sino se hubiesen cruzado los caminos de la arquitectura a lo largo de la historia, no se hubiesen desarrollado los distintos estilos. Los viajeros, como Villard d'Honnecourt en el siglo XIII no hubiesen recorrido Europa y otras partes del mundo con su cuaderno, los hallazgos estéticos y constructivos de Saint Denis no hubiesen dado origen al estilo gótico, siendo lo mismo que se hace ahora. La rapidez de conexión, de recorrer caminos en la actualidad, no debe sin embargo hacernos caer en el vértigo, el camino debe recorrerse de forma particular, desde principio a fin.

Se trata ahora de realizar el proyecto, de materializar la idea, de construir un edificio. Una vez situados en esta nueva encrucijada, nos surge una pregunta: ¿diseñamos un edificio o diseñamos también un sistema para construirlos y a la vez diseñarlos? No todos que han practicado y practican AC la responden de la misma forma. Nuestra respuesta es necesariamente que debemos abarcar lo máximo, para abarcarlo todo. *Cuando construyamos, pensemos que lo hacemos para siempre* (John Ruskin), por tanto, cuando diseñemos, pensemos que lo hacemos para siempre. Es así como se llega a la conclusión de que debemos estudiar, con aplicación práctica a un proyecto determinado, desde luego, un sistema que nos permita aplicarlo siempre, un sistema que englobe en AC, el diseño, la producción, la industrialización y el montaje en obra. Un sistema compuesto por determinados protocolos o fichas que permitan extrapolar los trabajos concretos al siguiente proyecto, y hacerlo igual mientras que no encontremos una mejor solución. Este será también el camino de la rentabilidad del proyecto, tan mal interpretado actualmente, ya que se proyecta sin pensar de forma consciente en este parámetro, absolutamente determinante del proyecto, salvo en permitirnos utilizar unos determinados rangos de materiales, y luego se ejecuta con un criterio distinto que suele ser el de buscar la teórica economía en todas sus partes para llegar a la optimización total del resultado, lo que se demuestra como gran error, cuya explicación no la voy a dar aquí como es lógico. La forma de llegar a la optimización del producto es encontrar la forma de ejecutar los distintos sistemas constructivos, o, como en el caso de AC, productivos óptimos, y ejecutarlos siempre igual. En resumen, hoy día se diseña algo sin pensar en cuanto cuesta y se ejecuta pensando en hacerlo de forma que cueste menos, y yo propugno, diseñar algo pensando que cueste lo menos posible, y ejecutarlo siempre igual.

Como afrontar pues esta fase del trabajo, sea una actitud o una necesidad, será diferente en cada cual, en cada oficina, en cada despacho. Nosotros nos planteamos hacerlo de forma sistemática, comenzando por diseñar unos *sistemas técnicos específicos*, a los que se refiere la anotación reflejada unas páginas más atrás, que contuviesen la siguiente información: código y denominación del sistema, descripción detallada del mismo, planos y detalles, suministros necesarios y valoración económica. Estos sistemas técnicos específicos, denominados STE comúnmente, ocupan en la planificación del primer proyecto, mucho más que la ejecución del propio proyecto, como explicaré más adelante. Ahora bien, ¿en qué nos basamos para elaborar esta documentación técnica? ¿En qué normativa o estándar?

Miramos en los anaqueles de nuestro despacho vemos que componen una buena biblioteca técnica que nos debería servir en nuestro trabajo, libros como normativas para calculo y ejecución de obras de hormigón, normas tecnológicas, código técnico de la edificación y otros muchos manuales. Pero ¿dónde buscar apoyo técnico acerca de AC? Al menos dónde encontrar literatura sobre el comportamiento estructural de los containers en cuanto a las necesarias alteraciones que se deben hacer para construir. Enseguida nos damos cuenta de que este camino, también lo debemos recorrer nosotros mismos, aunque en él nos encontremos viajeros que nos podrán contar de dónde vienen y a dónde intentan llegar. Lo primero que nos damos cuenta es de una perogrullada, y esta es que la norma ISO está destinada a los fabricantes, contempla las cargas que el container puede transportar, cómo puede ser apilado y manipulado, pero en absoluto llega a intuir como se puede comportar un container marino cuando se transforma, además de que, no todos los fabricantes los hacen igual, y ya que trabajaremos preferentemente con containers usados, nos encontraremos containers de todo tipo, o por lo menos de diversos tipos, y la normativa ISO, aun siendo rígida en muchas cuestiones, deja otras en manos del fabricante, existiendo detalles de éstos que hacen unos containers más transformables, en pequeños detalles, que otros, aunque básicamente, las conclusiones estructurales son las mismas para todos.

Los containers de transporte no lo resisten todo.

La primera pregunta es ¿qué ocurre si quitamos la piel del container? Siendo la respuesta clara: la piel del container es también estructura, con lo cual, no podemos quitarla en su totalidad. La experiencia nos dirá hasta dónde podemos llegar. Hemos llegado en este punto a saber que los paneles del frontal y las puertas pueden ser prescindibles, pero los paneles laterales deben mantenerse, al menos, en un 30 % de su superficie, parámetros con los que podemos trabajar perfectamente. También sabemos que podemos quitar los paneles laterales en su totalidad, una vez que los containers están dispuestos en la obra, siendo necesario puntales para un nuevo transporte. Su comportamiento estructural es pues, excelente, incluso teniendo en cuenta los parámetros de esfuerzos laterales, como por ejemplo la resistencia al viento.

Oficinas en el Parque Tecnológico de Andalucía (Málaga, España)

Otra pregunta es si podríamos utilizar los containers para construcciones enterradas, como un sótano, un depósito o una piscina. En este caso la respuesta es negativa. Si construimos una piscina, esta funcionaría llena de agua, pero no vacía, ya que los paneles laterales no están calculados para soportar la presión. Hemos visto dibujos de piscinas hechas con containers, pero, fuera de lo conceptual que significan estos proyectos, no lo vemos viable. Además, ¿cómo luchar contra la corrosión del acero? Las pinturas son buenas, pero tienen un límite, incluso empleando protección catódica. Se ha demostrado que depósitos enterrados con el mismo tipo de acero no han tenido buen comportamiento en este sentido, así es que, utilizaremos los containers como estructuras sin enterrar, salvo en zonas puntuales, parcialmente enterradas, y con una protección y drenaje adecuados.

Programación del proyecto				
Designación de la actividad	Tiempos		Fechas de ejecución	
	Duración	Flotante	Comienzo	Final
Estudio estructural de containers	5	0	1	7
Protección	5	25	8	14
Cimentación	6	19	8	15
Juntas y uniones	5	0	8	15
Sistemas de anclaje	7	7	11	21
Huecos exteriores	6	4	8	15
Fachadas	10	12	8	21
Revestimiento interior de paredes	5	0	22	28
Revestimiento interior de techos	4	0	23	28
Revestimiento interior de suelos	6	5	14	21
Particiones interiores	8	0	10	21
Instalación de fontanería	8	0	24	35
Instalación de saneamiento	8	0	24	35
Instalación eléctrica	8	0	31	42
Protección contra incendios	8	0	38	49
Aislamientos	6	10	28	35
Escaleras exteriores	6	19	15	22
Escaleras interiores	6	10	29	35
Carpintería exterior en ventanas	10	10	22	35
Carpintería exterior en puertas	10	10	22	35
Carpintería interior	8	15	17	28
Acabados	8	7	29	38
Diseño arquitectónico	15	26	8	28
Proyecto de ejecución	35	26	29	77

Tabla 5

Edificio auxilar en el Driving Range del Club de Glof La Noria en Mijas Costa (Málaga, España)

Estas, aunque básicas son sólo algunas de las preguntas a las que el diseño responde, pero no son todas evidentemente. Es por esto que se ha de comenzar la planificación del trabajo, haciendo un programa del mismo en el que las tareas se enumeran, se evalúan, se estima su tiempo de ejecución, se asignan recursos y se estudian sus interrelaciones con el resto. En nuestro caso se ejecutó una programación utilizando los métodos de programación basados en grafos y camino crítico, para organizar la ejecución de esta fase del trabajo, que se muestra en la Tabla 5. La conclusión más importante a la que se llega al estudiar esta planificación es que el tiempo que ocupa la tarea Proyecto Arquitectónico es relativamente pequeña en comparación con el resto, siendo también significativamente pequeña las tareas que componen la ejecución material de la obra, y dentro de éstas las propias de montaje en obra, reducidas al mínimo. El calendario utilizado es el de la semana laboral de cinco días, lo que supone que las fechas son días naturales del proceso.

Edificio de entrenamiento para el Parque de Bomberos de Teatinos (Málaga, España)

Sin duda la propuesta es una programación exigente, que sin embargo deja un gran porcentaje de tiempo para la ejecución de proyecto, aunque un poco menos para el diseño arquitectónico. Es importante darse cuenta que las tareas de proyecto no son en absoluto críticas, teniendo unos flotantes de valores altos, siendo el camino crítico el que ocupan algunos sistemas técnicos, realmente, esto también es elaboración del proyecto, desde un punto de vista global. En un segundo proyecto, estas tareas se eliminan, excepto las que se decida revisar, no asignando tanta duración a la tarea de redacción del proyecto de ejecución, aunque es de señalar que se ha tenido en cuenta la documentación propia de un Proyecto de Ejecución en España, con toda la exigencia documental que requiere, y por supuesto, no se han tenido en cuenta los plazos de tramitación oficial de estos documentos, ni por supuesto el de la obtención de la necesaria Licencia Urbanística.

Programación de la obra				
Designación de la actividad	Tiempos		Fechas de ejecución	
	Duración	Flotante	Comienzo	Final
Cimentación	5	3	81	87
Preparación de los containers	5	0	50	56
Instalaciones I	8	0	57	66
Fachadas	5	26	64	70
Cubierta	5	33	60	66
Carpintería exterior	4	26	71	77
Particiones interiores	8	0	67	72
Revestimientos interiores	3	0	73	84
Carpintería interior	5	0	85	87
Montaje en obra	5	0	88	94
Obras exteriores	8	0	99	99
Revisión y entrega	1	0	100	100

Tabla 6

En la Tabla 6, se reflejan las actividades de ejecución material de la obra, que suponen asimismo un tiempo cortísimo. La tarea de Proyecto de Ejecución, se solapa con esta fase, como se puede observar, hasta el comienzo de montaje en obra.

En este caso hay un número mayor de actividades críticas, entendiéndose perfectamente su significado. Como se aprecia, en un proceso de 100 días, el comienzo de los trabajos reales se puede ejecutar en el día número 50, es decir en la mitad del proceso, y es significativa la fecha de comienzo a trabajar en la parcela: el día 81, lo que significa que la fase de trabajos en el solar, en duración, significa solamente el 20% del tiempo total del proyecto.

El total de recursos asignados a este proceso, es el siguiente: un director de proyecto, un arquitecto, un ingeniero industrial, dos arquitectos técnicos (ingenieros de edificación), un delineante, un administrativo, un encargado de montaje, un topógrafo y seis operarios. El coste total es del la obra, sin incluir el coste de proyecto es del 50% de una obra ejecutada por sistemas tradicionales.

ARQUITECTURA SOSTENIBLE

La sostenibilidad de AC está demostrada, y no sólo eso, sino que además es imposible que por métodos tradicionales se puede construir un edificio con mayor ahorro energético y menor impacto ambiental, anécdotas aparte. Ahora bien, el camino de la sostenibilidad nos lleva, de forma inevitable, mucho más lejos.

¿Ecotectura?

El término *sostenibilidad* fue definido por primera vez por Gro Harlem Brutland, en 1987, es decir, muy recientemente. *Desarrollo sostenible* es aquel que satisface las necesidades actuales sin poner en peligro la capacidad de las generaciones futuras de satisfacer las suyas propias. Con esto se pretende una mayor calidad de vida para todo el planeta, ahora y en el futuro. La máxima pues, *piensa globalmente y actúa localmente*, la *glocalización*, debe aplicarse obligatoriamente a todas las actividades humanas, entre las que está sin duda la nuestra, la arquitectura.

La aplicación de esta filosofía, que es la única posible si queremos conservar el planeta, a la arquitectura da lugar términos como arquitectura ecológica, bio–construcción, edificio verde, edificio bioclimático, edificio solar o edificio pasivo, edificio sostenible o sustentable entre otros. El más curioso es el inglés *arcology*, una mezcla de *architecture* y *ecology*, en castellano sería *arquiología*, o quizás mejor *ecotectura* (término que después de *crear* escribiendo este trabajo, al traducirlo del inglés, me doy cuenta de que ya existe). Todos estos términos, aplicados a una actividad de producción industrial parecen poco adecuados en principio, produciendo, por otro lado, en los sectores sociales más reaccionarios cierto rechazo incluso. En cualquier caso, el término verde, en general, ya ha dejado de significar lo que entendemos por ese término, y la arquitectura debe englobar todos los términos, y más que esto, todo lo que significan de una forma empírica y racional en sí misma. El clima, la energía, el contacto con la naturaleza, los flujos energéticos o los impactos de la actividad constructiva, deben ser factores que se tengan en cuenta siempre que se proyecte y construya un edificio. La creatividad tan propia y tan identificativa de la arquitectura, debe encauzarse de forma que se incluyan siempre el conjunto de sistemas, materiales, métodos, formas, etc., que la pongan verdaderamente al servicio del hombre, teniendo en cuenta al hombre como habitante de un gran edificio, el planeta Tierra, que no podemos destruir poco a poco a medida que construimos dentro de él otros más pequeños.

Quizás debamos también encaminar nuestra creatividad en apartar algunos prejuicios de los sectores más retrógrados de la sociedad, haciendo que la forma de construir sea siempre sostenible, no dando lugar a elección. La propuesta ecológica debe ser aplicada a todo tipo de arquitectura, sin destruir la forma clásica de edificar, sólo mejorándola. ¿Por qué no dotar a todos nuestros edificios de sistemas de recuperación de agua y de ahorro de ésta? ¿Porqué no utilizar sólo madera proveniente de bosques gestionados de forma sostenible y a partir de recursos renovables, como el bambú? ¿Por qué no evitamos el trabajo en el solar a sólo el ensamblaje, trabajando lo más posible en taller minimizando el impacto y los residuos? ¿Por qué no erradicamos de nuestras prácticas todos aquellos materiales no renovables? ¿Por qué no incorporamos a nuestros edificios sistemas solares activos y pasivos con diseño basado en la eficiencia energética respondiendo a las condiciones locales? ¿Por qué no reciclamos y reutilizamos más materiales? Y muchas preguntas más que podemos hacernos, y que, intencionadamente he escrito aquí no sólo pensando en AC, sino en todo tipo de arquitectura. A mí, como habitante de Andalucía, me resulta triste pensar que los países nórdicos y centroeuropeos son los que muestran más interés por el aprovechamiento energético de la radiación solar o al ciclo de agua, por poner dos ejemplos, y como habitante se España pensar que estamos a la cola (antepenúltimo puesto) en cuanto a arquitectura sostenible y edificios medioambientales en Europa, aunque *afortunadamente* ya se aprobó (2007) la Estrategia Española de Cambio Climático y Energía Limpia, para cumplir el protocolo de Kioto, siendo importante decir que la arquitectura participa en todos los sectores que más consumen energía en España como son el transporte (39,4%), la industria (31,4%) y el sector doméstico y residencial (14,7%), no participando apenas de la agricultura que es el que menos energía consume (6,3%).

Algo que debiera parecer obvio, como es que la arquitectura debería respetar en todo al hombre y al medio en que vive, lo que no es otra cosa que la arquitectura sostenible, en realidad no sólo no lo es, al contario, las dificultades para desarrollarla son muchas. Empezando por lo que adolece nuestro sistema legislativo, tan exhaustivo por otra parte, de normativa ad hoc, aun derivando del propio estado que ha elaborado la Estrategia de armonización con Kioto antes mencionada. Las normativas actuales (CTE) hacen muy difícil la investigación y la utilización de materiales tradicionales que podrían ser aprovechados. Todo esto hace patente la dificultad de desarrollar una arquitectura sostenible, y favorecen otros que están en contra de la sostenibilidad. En este sentido, la arquitectura de madera o de tierra, la primera por no permitirse como elemento estructural y la segunda por adolecer de normativa –y que sin embargo en otros países si la tiene– se hacen imposibles, a pesar que este tipo de materiales, usados convenientemente podría hacer ahorrar hasta un 30% de las emisiones de CO2. Las previsiones de reducción de emisiones de CO2, son de acuerdo con el Protocolo de

Kioto, de 340 millones de toneladas hasta el año 2010, año que está a punto de llegar, y lo que es de esperar es que España comience a reducir su emisión de CO2, en lugar de seguir comprando los derechos a países del este de Europa que no llegan al mínimo, ya que la cifra total de reducción suponía que entre 1990 y 2010 se podría aumentar un 15%, España en 2007 ya había superado el 50%. Asignatura pendiente pues, que la arquitectura debe ayudar a superar. Esta actitud de España, no sólo demuestra una forma de soslayar el acuerdo de Kioto, cumpliéndolo bajando el listón no esforzándose por superarlo, recuerda la desproporción que hay en el mundo en cuanto a estas emisiones. El gasto energético es tanto más grande cuanto más nivel de desarrollo muestra un país, y cuantos menos son sus recursos naturales. En los países occidentales hasta la demolición de los edificios plantea problemas en cuanto a qué hacer con los desechos, concepto que apenas existe en países subdesarrollados, en dónde nada sobra. Calentamos la comida con energía nuclear que genera residuos cuya destrucción supone un problema aún sin resolver, o con la combustión de excrementos de vaca (biomasa) dependiendo de en que parte del planeta vivamos. El fin es el mismo, los medios no. Por si no lo recordamos, diré que el CO2, dióxido de carbono, en la atmósfera es el causante del *cambio climático*, las *sequías*, el *calentamiento global* y el *efecto invernadero*, y las medidas que se estudian para reducir su presencia se enfocan en la reducción de emisiones del mismo, principalmente eliminando las plantas generadoras a base de combustibles fósiles y de carbón. Los efectos *ya* los notamos todos.

Hay que tener en cuenta que la participación de la construcción en general –no sólo de la arquitectura– en el total al que nos referíamos antes es muy alto, casi podríamos decir que la mitad de la emisiones de CO2 corresponden a nuestra actividad. Para reducirlo hay que cambiar radicalmente de hábitos, la arquitectura sostenible, y en particular la AC, además de en sí mismos contribuir a la reducción de esta contaminación que está destruyendo el planeta, tienen el efecto de demostrar ante la sociedad que esto es posible, el ejemplo puede extraordinario.

Cruda ironía, pero realidad.

Entiendo que es necesario conocer las distintas energías que usamos y que podemos usar, partiendo de que ninguna es completamente inocua con el medio ambiente, aunque hay diferencias sustanciales en cuanto al daño que hacen unas u otras. Nuestro país, por seguir recordando sus cifras aún recurre en más del 50% al petróleo, sólo un 6% de energías renovables repartiendo el restante 44% entre al carbón, el gas natural y la energía nuclear. Las cifras del resto de países europeos no son muy distintas, aunque su dependencia en general de petróleo es bastante menor.

De las energías fósiles o no renovables se depende como hemos visto en gran medida, estas son: el petróleo, el carbón, el gas natural y la energía nuclear. El petróleo que se agotará previsiblemente en menos de 50 años, y que tiene un gran rendimiento energético, pero que contribuye también de forma muy alta a la contaminación. El carbón, todavía se utiliza mucho, el 30% de la energía eléctrica en España proviene de su combustión, siendo un sistema altamente contaminante tanto con el suelo como con la atmósfera. El gas natural es un recurso también limitado, tenemos para unos 70 años, aunque contamina menos que el carbón y el gasóleo, su transporte (gasoductos) es muy agresivo con la naturaleza. La energía nuclear es una forma de energía que no se basa en la combustión, por tanto, paradójicamente no es una energía contaminante, sin embargo quedan por resolver dos aspectos: la seguridad y la destrucción de los residuos.

Entre las energías renovables, con aportación significativa a la actividad humana están, la energía hidráulica, la biomasa, la energía solar, la energía eólica y el hidrógeno. La energía hidráulica es muy conocida, actualmente las minicentrales (producción menor a 10 MW) están en auge, hay controversia en cuanto a su impacto medioambiental. La biomasa es la gran desconocida, aunque aporta la mitad de todas las energías renovables a la actividad española, se basa en la combustión de residuos naturales, agrícolas o animales e incluso de cultivos realizados a propósito, su balance respecto al CO2 es neutro y no producen azufre o cloro u otros elementos tóxicos que causan la lluvia ácida, y su producción no sólo no perjudica al medio ambiente sino que lo mejora. La energía solar es la fuente inagotable de energía de la tierra, existe en toda la tierra, con mayor rendimiento en los países subdesarrollados junto a los trópicos. La llamada constante solar, o cantidad de energía recibida por unidad de tiempo y unidad de superficie es igual en toda la tierra a 1.366 W/m^2. El uso de la energía solar no contamina y puede ser utilizada de muchas formas, de las cuales consideramos tres: de forma pasiva, es decir de acuerdo a las características del edificio; como energía térmica y como energía fotovoltaica. La energía eólica se basa en otra fuente renovable, inagotable y limpia: el viento. Tiene ciertas desventajas en cuanto a su producción es local y los elementos que utiliza tienen cierto impacto medioambiental, sin embargo es muy recomendable y su uso está en aumento. El hidrógeno no es una fuente primaria de energía, y su uso está suscitando cada vez mayor interés, es muy abundante, está repartido uniformemente en todo el planeta y su combustión no genera CO2; sin embargo no se encuentra en estado libre y su almacenamiento precisa de complejas instalaciones hasta que no se desarrolle más la tecnología de su aplicación. Es una opinión generalizada que el futuro de las energías renovables será una combinación de varias de ellas, las energías naturales se utilizarán para producir y almacenar hidrógeno, y éste para producir energía.

También será necesariamente una combinación de energías la solución de la elección del sistema adecuado, puesto no que se puede decir que haya una energía “favorita”. Las características de la energía solar se adaptan muy bien a la arquitectura, para producir energía a pequeña escala y de forma puntual, también el uso de la energía pasiva copiando las soluciones de la arquitectura tradicional, que de forma natural siempre ha basado sus soluciones en este concepto.

Una guía es la del gobierno británico, estado en el que nació el ecologismo consciente, precisamente llamado Código de Casas Sostenibles, *The Code for Sustainable Homes*, redactado en 2006 y cuiyo objetivo es que todas las casas que se construyan a partir de 2016 tengan cero emisiones de CO2.

El mejor coeficiente o factor de forma es el de un cuerpo esférico.

Es evidente que en estas breves líneas no se puede desarrollar un tratado de arquitectura sostenible, sin embargo, es en este punto en el que se deben enumerar y dar una breve explicación de los sistemas y métodos más importantes para aplicar los principios de sostenibilidad a AC.

En primer lugar tendremos en cuenta todo lo que se refiere al aprovechamiento de la energía solar, comenzando por la orientación del edificio, las fachadas del edificio son por este orden: sur, oeste, este y norte, aunque la orientación de penden son sólo del soleamiento, sino de otros muchos factores que se manejan en arquitectura, requiriéndose un estudio de soleamiento del edificio, y del aprovechamiento de la luz natural, y las posibles protecciones, tipos de vidrio, etc. También influye el factor de forma, que es el cociente entre la superficie de la envolvente por su volumen, cuando más compacto sea un cuerpo, este factor será menor y tendrá menos pérdidas caloríficas. Será también importante la posición con respecto al terreno, para crear un corriente bajo el edifico, si se desea, y se estudiarán también los vientos, concluyendo en un estudio bioclimático completo del edificio, siendo de gran importante el aislamiento. La energía solar se aprovechará por supuesto en la producción de agua caliente y en la calefacción, estando en estudio con resultados previsibles en un futuro no muy lejano para refrigeración. El aprovechamiento de la energía solar para la producción de calor y electricidad es un método que tiene multitud de posibilidades y sistemas, siendo también un campo en continuo desarrollo.

En cuanto a la utilización del agua, no hay que olvidar el efecto de regularización térmica que ofrecen los jardines, siempre que su consumo de agua sea óptimo. El desarrollo de la jardinería nos enlaza también con la arquitectura tradicional, que en Andalucía es especialmente rica, abogando por la *xerojardinería*, término acuñado en Estados Unidos y que significa literalmente jardinería seca, y La idea principal en este tipo de jardines es hacer un uso racional del agua de riego, evitando en todo momento el despilfarro, en especial en climas como el Mediterráneo o subdesérticos, donde es un bien escaso. El ahorro de agua no es el único objetivo, la xerojardinería va más allá. También tiene un sentido ecológico y aboga por un mantenimiento reducido, por ejemplo, intentar limitar la utilización constante de productos fitosanitarios, el menor uso de maquinaria con gasto de combustible, el reciclaje, etc. Está demostrado que un jardín diseñado y mantenido con criterios de uso eficiente del agua consume apenas una cuarta parte del agua de riego que se gasta en un jardín convencional. Además de esto se aprovechará el agua de lluvia y también el agua interior de los lavabos puede ir a las cisternas de los inodoros, usándola dos veces, estas aguas se llaman grises, por distinguirlas de las fecales o negras. Naturalmente que esto requiere duplicar la red de saneamiento, pero el ahorro que se consigue es apreciable. También se adaptarán los aparatos para optimizar el consumo de agua, como son los difusores de ducha regulables, temporizadores en el inodoro, etc., además de la lógica educación de los usuarios en los hábitos de consumo.

En la elección de materiales se tendrán lógicamente en cuenta estos criterios. En primer lugar, ya se han eliminado todos los materiales que se han venido usando y son perjudiciales para la salud, como el amianto, debiendo ser eliminados aquellos que han demostrado su ineficacia ambiental, eligiendo los basados en el respeto al ciclo vital, en el caso de aislamientos será preferible todos aquellos que se basan en el corcho, papel reciclado, paja o fibra de vidrio, antes que los poliestirenos y fibras sintéticas. En saneamientos, en a actualidad es difícil sustituir las tuberías plásticas, pero será mejor utilizar los polietilenos, polipropilenos y polibulilenos al clásico polivinilo de cloruro, que es el más contaminante. En general una buena receta es el uso de materiales naturales, y si se puede tradicionales. Se pensará en la reversibilidad del edificio, ya que su demolición también supondrá un gasto energético, en este sentido, los materiales simples, que permitan un reciclaje serán mejor que los que tienen mezclas o aleaciones. También se pensará en el mantenimiento, utilizando sistemas registrables para las instalaciones, incluso construyendo estas vistas siempre que se pueda. Para conocer con exactitud el impacto de cualquier material recurriremos a los Análisis del Ciclo de Vida, ACV, que es una disciplina compleja, que estudia de cada material o grupo de materiales los siguientes parámetros: composición, adquisición de la materia prima, transformación, uso durante la construcción, durabilidad, efectos en la salud, condiciones de demolición, energía incorporada y emisión de CO_2 en su fabricación así como otras características particulares. Tomemos el ejemplo del acero estructural, material con el que se fabrican los containers de transporte.

La composición del acero cortén es Fe y una pequeña cantidad de carbón, y otros metales, como Ni, Cu y P en pequeña cantidad también, y también Mn, las reservas de hierro se estiman en 100 años. La adquisición de la materia prima genera mucho residuo, generando en su obtención CO_2, en ciertos países como Brasil, la minería contribuye a la destrucción de los bosques. Para la transformación se necesita un gran consumo energético, produciendo CO_2 y SO_2, si se recicla se ahorra un 70% de energía y contaminación. En cuanto a su comportamiento en obra, será bueno siempre que se minimice el desperdicio. Sin embargo, todos estos pasos se ahorran al reutilizar containers usados. Si se protege adecuadamente tiene una alta durabilidad, teniendo fácilmente expectativas de más de 50 años. No tiene efectos sobre la salud ya que es inerte, teniendo un bajo potencial químico. Es fácilmente reutilizable, teniendo una alta posibilidad de reciclado. El acero de construcción tiene una energía incorporada de 32,0MJ/Kg, si es reciclado 10,1 MJ/Kg, ya gastada en la fabricación del container, siendo lógicamente despreciable la cantidad en un container usado, debida únicamente a su transporte. La capacidad del reciclaje depende de su composición, no siendo el caso del que componen los containers. De este estudio se desprende que utilizar containers de transporte usados, supone un material que aporta un ahorro energético mayor que cualquier otro sistema, teniendo en cuenta que eliminamos de su ACV los elementos negativos, quedándonos con los positivos.

A falta de una deseable legislación ecológica concreta, haremos referencia, en las siguientes líneas, a una serie de reflexiones en torno al la arquitectura sostenible, extraidas del mencionado código británico, el *Code for Sustainable Homes*. El Reino Unido, cuna del ecologismo desde que en 1971, Edward Goldsmith, editor de la revista británica "The Ecologist", promovió la publicación de la obra *Can Britain Survive?*, ("¿Puede Gran Bretaña sobrevivir?") y que dio lugar al llamado "Manifiesto para la supervivencia", elaborado por Goldsmith, Allen, Allaby, Davoll y Lawrence, y que recibió las adhesiones de los sectores más importantes del mundo científico británico, entre ellas las de dos premios Nobel así como treinta y cinco personalidades más de primera línea.

Las casas del Reino Unido producen alrededor del 27% de las emisiones de CO2 en el país, las emisiones de carbono a la atmósfera es la mayor causa del cambio climático. El *Department of Communities and Local Government*, establece en 2007 las bases para construir viviendas sostenibles, promulgando el *Code for Sustaniable Homes*, en adelante CSH, con entrada en vigor el 1º de mayo de 2008. El CSH establece una clasificación que se acredita con un certificado a incluir en la documentación final de la vivienda, el HIP (*House Information Pack*). Estas viviendas, en distinto grado tendrán una mayor eficiencia energética, un mejor aprovechamiento del agua, tendrán menos emisiones de CO2 y serán menos agresivas con el medioambiente. Estas nuevas viviendas no sólo se construirán de una forma más ecológica, generarán menos residuos y tendrán menores costes de mantenimiento, sino que además animarán a sus usuarios a llevar un estilo de vida mas sostenible.

Greener homes
for the future

Can Britain Survive?

El CSH británico establece nueve categorías puntuables, cuyo cómputo total se suma obteniendo una clasificación de 1 a 6 estrellas, de una forma análoga a los hoteles. Estas categorías son:

energía y emisiones de CO2, agua, materiales, superficie de evacuación de agua, residuos, contaminación, salud y bienestar, mantenimiento y ecología.

De acuerdo con los grados de clasificación, comparando los ratios que el CSH incluye comparados con las normativas anteriores, en general tendremos que las casas de una estrella (★) serán un 10% más eficientes energéticamente y un 20% más eficientes en el consumo de agua; las casas de tres estrellas (★★★) serán un 25% más eficientes energéticamente y además incorporarán muchas más características de sostenibilidad y las casas de seis estrellas (★★★★★★) tendrán la máxima sostenibilidad con cero emisiones de CO2, para conseguir esta calificación se necesitarán más del 90% de los puntos asignados en las distintas categorías.

Calendario decenal del Gobierno Británico			
Fechas	2010	2013	2016
Mejora de la eficiencia energética en comparación con la Normativa de 2006	25%	44%	Cero emisiones de CO2
Calificación del código	Nivel 3 del Código ★★★	Nivel 4 del Código ★★★★	Nivel 6 del Código ★★★★★★

Tabla 7

Las autoridades británicas justifican la necesidad de este Código ya que entienden el verdadero problema del planeta, enunciando que somos los encargados de proteger y mejorar el medioambiente y de enfrentarnos el cambio climático. Partiendo de la base de que edificios contribuyen casi a la mitad de las emisiones de CO2 del Reino Unido, se marcan una meta a largo plazo, consistente en reducir las emisiones de CO2 un 60% en 2050, y para lograr esto se proponen comenzar por asegurarse de que las nuevas viviendas sean mucho más sostenibles. Además de esto, se aplicará a la situación actual del país con una clara demanda de vivienda (en España tenemos superávit de viviendas construidas de una forma no sostenible, por desgracia). Esto se logrará minimizando el daño al medioambiente por el proceso de la construcción, ofreciendo la oportunidad de revolucionar el diseño de nuevas casas de forma que la arquitectura lidere un nuevo estilo de vida en el que el ecologismo esté siempre presente.

El calendario, Tabla 7, que el Gobierno Británico se planteó en 2006 con el objetivo de que en 2016, todas las nuevas viviendas se construyan para que tengan cero emisiones de CO2, pretende también conseguir un paulatino ajuste de toda la normativa de construcción.

He aquí una lista de requisitos que debe incorporar una vivienda construida para obtener la máxima calificación en el Código británico, que nos puede servir como ejemplo de lo que ha de incorporar un la arquitectura sostenible:

- Maximizar el aislamiento del edificio, incrementando el aislamiento en cerramientos y cubierta, así como en las ventanas con el tipo de vidrio.
- Se reducirá al mínimo la permeabiliadad del aire manteniendo la ventilación mínima necesaria.
- Se instalarán sistemas de calefacción mediante depósitos de condensación, *Condensig Boilers*, de alta eficacia, o se conectarán a una calefacción de distrito (esto en España no existe).
- Se cuidará el diseño las fábricas para eliminar los puentes térmicos que facilitan el paso de calor de los paramentos interiores a los exteriores y viceversa.
- Se usarán tecnologías de baja o nula emisión de CO2, tales como paneles solares térmicos, calderas de biomasa, turbinas eólicas, y sistemas combinados de energía y calor (*CHP, Combined Heat and Power system*).
- En su diseño se incluirá que el consumo de agua por habitante y día no sea mayor de 80 litros, incluyendo dispositivos tales como: cisternas de descarga duales 6/4 litros, reductores de flujo o aireadores en todos los grifos, duchas de 6/9 litros por minuto (los sistemas eléctricos son de 6/7 litros por minuto), bañeras cuyo diseño permita que se pueda seguir tumbando una persona, pero que requiera menos volumen de agua para ser utilizadas, lavavajillas de 18 litros como máximo o lavadoras de 60 litros como máximo.

- Se instalarán sistemas que procuren que el 30% del agua que se usa en la vivienda no proviene de la red de agua potable, utilizando para ello captadores de agua de lluvia o sistemas de reciclado de las aguas grises.
- Será necesario gestionar el agua de lluvia proveyendo zonas porosas o que puedan absorber el agua.
- Se exige un mínimo de materiales que cumplan al menos con la clase D, en la escala *Building Research Establishment's Green Guide* (la escala va de la A a la E).
- Se elaborará un Plan de Gestión de Residuos durante la construcción, y dotar a la obra de un espacio específico para su almacenamiento durante su duración.
- Los electrodomésticos y las lámparas serán de bajo consumo.
- Existirán tanques de almacenamiento de agua accesibles.
- Se reducirá la superficie de evacuación de agua a la red al máximo.
- Se utilizarán fundamentalmente materiales que no sea agresivos y respeten el medio ambiente (ecológicos).
- Se minimizarán los residuos de la construcción.
- Se maximizará la utilización de productos reciclados.
- Se optimizará el uso de la luz natural, el aislamiento acústico y la seguridad.
- Se aplicará la normativa *Lifetime Homes* (Normartiva británica de referencia para accesibilidad).
- Se evaluará y minimizará el impacto ambiental del edificio.

Todos estos requisitos, evaluados de una forma objetiva, acreditan la obtención del certificado del CSH en el Reino Unido, sin embargo nos podemos preguntar ¿todo lo que hacemos en nuestra vida lo hacemos para conseguir un certificado?

Es hora de incorporar a nuestra vida un completo abanico de medidas sostenibles, entre las cuales está el desarrollo de una arquitectura sostenible. Seguir destruyendo el planeta es una iniquidad una vergüenza y una injusticia con nuestros descendientes, y permitir una injusticia es cometer otra.

CONSLUSIÓN, IGUALMENTE NECESARIA

Esta conclusión, tan necesaria como el preliminar sólo pretende volver a reconocer la importancia de la aportación de los *Alter* a este trabajo, como queda reflejada en el comienzo, tanto en aportarle rigor como coherencia. El rigor es el del respeto a los datos históricos, sean o no más o menos conocidos, y la coherencia es que, se comienza hablando de arquitectura ecológica y asimismo, se termina con esta misma materia.

Ya he hablado bastante de arquitectura ecológica, refiriéndome al carácter de AC y también a su aplicación a la arquitectura tradicional, o a todo tipo de arquitectura, y esta reflexión final quiero hacerla en capítulo aparte por la importancia que tiene el hecho ecológico. A veces pienso que el ecologismo no es sino el vano intento del hombre por parar la destrucción del planeta, que es la destrucción de sí mismo, cuando ya es inevitable, pero también otras veces pienso que es posible. Pero en cualquier caso lo que es imposible es seguir sobreviviendo de la misma manera. Las políticas, incluso las más progresistas no son suficientes, la mentalización social es mínima, las posibilidades de desarrollo ecologista de los sistemas de vida muy pequeñas, e incluso así debemos seguir intentándolo.

En cuanto a la arquitectura AC, desde mi punto de vista no viene sino a dar respuesta a la pregunta ¿puede existir una arquitectura sostenible asequible? Para ilustrar las tres premisas básicas de la sostenibilidad aplicada, las tres famosas erres: *reducir, reciclar y reutilizar*, no se podría encontrar un ejemplo mejor que la arquitectura AC, ya que es un ejemplo de reducción de residuos y de consumo energético, un ejemplo de utilizar materiales reciclables así como un ejemplo en lo que es sustancial: reutilizar. Si repasamos la lista de requisitos de una casa verde según el código británico que he usado de referencia, la mayor parte de estos los usa, y los que no le son sustanciales le son posibles, y yo pienso que le deben ser aplicados. Además, los criterios de sostenibilidad en forma de requisitos, puntúan en AC mucho más que en otro tipo de arquitectura. Pensemos en aislamiento o permeabilidad de aire, reciclabilidad y reutilización de materiales o gestión de residuos, por poner ejemplos, los parámetros que se usan en AC están por encima de la máxima puntuación de cualquier código redactado con criterios de sostenibilidad aplicada a la arquitectura tradicional.

Para terminar he elegido un ejemplo reciente de AC, el *Duraven Sports Hall*, un encargo del municipio londinense de Lambeth, construido en marzo de 2009, en Leigham Court Road por la empresa británica Urban Space Management Ltd, con proyecto de SCABAL Architects y Furness Engineering. El edificio tiene una superficie 8.208 m^3, el tiempo de instalación fue de 3 días. El encargo respondía a un esquema basado en la construcción de un colegio del futuro, con criterios de sostenibilidad, premiado con el prestigioso premio de Building Industry Construction Awards de 2009 al Mejor Proyecto Pequeño de Edificación del año. Este pabellón es el primer polideportivo cubierto construido con containers. En palabras del Director del colegio, David Boyle: *El Pabellón ha superado nuestras expectativas. El edificio es un monumento y un motivo de orgullo tanto para nuestra comunidad como para nosotros. Elegimos la solución de containers porque estábamos ansiosos por responder al interés de los alumnos por el medio ambiente y todas las cuestiones de sostenibilidad tanto como por rentabilizar nuestro dinero mediante un presupuesto reducido. La rapidez de la construcción ha sido un valor añadido, los estudiantes y el profesorado están encantados con al aspecto sorprendente del edificio. Nosotros ahora tenemos unas instalaciones extraordinarias para los jóvenes.* Hay una fotografía de este edificio en la página 53.

Es por esto que quiero terminar, a modo de manifiesto, parafraseando el de la Bauhaus, que es el mejor que conozco dentro de la arquitectura: la meta final de toda arquitectura es la sostenibilidad de sí misma así como de servir de antorcha que ilumine la del resto de la sociedad, los viejos sistemas son incapaces de procurar la sostenibilidad a la arquitectura, los jóvenes deberán aprender esto desde el principio de su formación,... ¡arquitectos, técnicos, constructores! No existirá arquitectura cuando no exista un planeta en el cual hacerla, cuando no exista el hombre para habitarla, encauzar vuestra creatividad y vuestros desarrollos técnicos siempre por el camino de la ecología, único símbolo cristalino de una nueva y próxima fe.

BIBLIOGRAFÍA

CONFERENCIA DE LAS NACIONES UNIDAS SOBRE COMERCIO Y DESARROLLO. "La facilitación del comercio y del transporte: creación de un entorno seguro y eficiente para el comercio" —NACIONES UNIDAS, Sao Paulo, 2004.

GONZÁLEZ DÍAZ, M. José. "Arquitectura Sostenible y Aprovechamiento Solar" —S.A.P.T. PUBLICACIONES TÉCNICAS, S.L., 2004.

HUNTER, Peter. "The Magic Box. A History of Containerization" — ICHCA (International Cargo Handling Co-Ordination Association), Ottawa, 1993.

LEVINSON, Marc. "The Box: How the Shipping Container Made the World Smaller and the World" —PRINCETON UNIVERSITY PRESS, Princeton, 2006.

MAU, Bruce. "Massive Change" —PHAIDON, London, 2005.

TRANSPORT CANADA. "L'utilisation des conteneurs au Canada" — GOUVERNEMENT DU CANADA, Ottawa, 2007.

www.ingramcontent.com/pod-product-compliance
Ingram Content Group UK Ltd.
Pitfield, Milton Keynes, MK11 3LW, UK
UKHW021822190726
13853UKWH00003B/1123